大樂文化

# 溫暖管理課
## 小團隊的啟示錄

用 **166** 張「實戰圖解」，
輕鬆帶出 1+1 > 2 的團隊！

CISPM 國際認證高級專業經理人　任康磊◎著

# CONTENTS

第 1 章

## 向西遊記學習，
## 把對的成員放在對的位置　*017*

# 序言

# 別老是想控制團隊！
# 讓成員自動自發才是高招

　　我曾經幫助一家大型上市公司完善人才培養體系、建立企業大學，為公司的快速發展提供大量合格的各層級管理者。姐妹公司來參觀學習時，對於這家公司培養管理者的成果感到驚訝，稱讚這家公司是管理者的「標準化生產工廠」。在培養管理者的過程中，我發現很多管理者對「管人帶人」存在很深的疑惑。

## 為什麼許多管理者帶不好人？

　　說起如何管理部屬，許多管理者第一時間想到的，是如何控制他們。很多人甚至認為，評價管理水準的高低，是看管理者能在多大的程度上控制住部屬。在這種認知下，很多管理者只會對部屬發號施令，接到上司指令時變成傳話筒，而讓部屬做事時則變成播放機。

　　如果當管理者這麼簡單，人人都可以勝任，又何必訓練？如果用這種心態和方式管理，一定管不好部屬。因此，我們可以看到許多公司的員工對工作缺乏熱情、離職率高，這種情況與各層級管理者的管理能力息息相關。

## 若管人並非控制，那應該是什麼？

　　這需要我們回到管理的初衷找答案。帶人的目的是讓別人按照管理者的意願做事，是經過不同個體的手來完成集體想做的事。在這個過程中，如果以激發為初衷，藉由引導，讓人的主觀能動性得到釋放，讓人們意識到自己行為的意義和價值，人們會更積極主動、更有創造性、更自發地完成目標。

「控制」隱含著管理者和員工之間的等級與身分差異，而「激發」不會體現這種層級差異。控制是告訴別人必須做，而激發是讓人們意識到應該做；控制更注重強制性，而激發更注重自發性；控制是把目光聚焦在事物的層面，而激發是把目光聚焦在人的層面。

## 書籍內容太枯燥、很難讀，怎麼辦？

純文字的書籍難免出現大段落的敘事，很多管理者讀起來較吃力。有些書的理論性很強，即使讀懂了，在實戰中也不知道如何使用。有些書沒有方法和工具的總結，雖然看起來故事好，但離開特定場景就會失效，無法指導實踐。有些書雖然提供方法和工具，但結構性不強，應用解析不徹底，無法發揮作用。

我根據管理者能力結構的需求和實際工作中遇到的問題，提煉出合格管理者必須具備的方法和工具。由於文字進入人的腦中，需要被大腦重新解碼、編排和儲存，因此許多人看文字容易感到疲累。人的大腦較容易理解並記住可視性、邏輯性、結構性強的內容，所以圖解書更貼近大腦對知識的記憶方式，更有利於學習。基於以上原因，為了方便管理者快速閱讀、有效理解、迅速掌握「管人的方法和工具」，本書以圖解的方式，呈現在實戰中該如何應用這些方法和工具。

我非常了解管理實戰中的難點和痛點，也深刻知道為何市場上有那麼多出版物讓人們難以堅持學習。因此，我對自己的出版物要求「知識足、方法全、案例多、閱讀易」，既要體現管理的基本理論知識，又要包含實戰的全套方法論和豐富案例，還要考慮讀者的閱讀習慣，讓讀者可以運用我的作品有系統地學習，還可以在遇到問題時立即查閱，有目標地解決問題。

我建議所有想成為優秀管理者的人，學習人力資源管理的知識，因為想成為合格的管理者，需要學會管人。「人管」和「管人」之間存在非常強的連繫，甚至可以說，它們幾乎就是同一回事，只是角度不同。

所有MBA課程和世界500強公司，幾乎都把人力資源管理作為訓練

管理者的必修課。只要有人的地方，就有人力資源管理。人越多，越需要人力資源的管理能力。

## 除了看書自學，還有別的學習管道嗎？

如果你期望利用零碎時間學習，可以關注我在喜馬拉雅平台的專欄，每節10分鐘左右的音訊課程，可以快速提高人力資源管理技能，針對性地解決實際問題。打開喜馬拉雅APP，搜索關鍵字「任康磊」，即可獲得。

## 想更系統地學習人力資源管理知識，有管道嗎？

我有一整套人力資源管理線上課程，能提供系統化人力資源管理學習的解決方案。我的線上課程提供標準化知識產品，不僅讓你學到原理和方法，更全面指導你的實踐工作。關注我的微信公眾號「tobehr」，在左下角就能看到系列課程的清單。

願你成為「管人」的專家。

# 前言
# 主管的溫暖管理功力，
# 決定了團隊績效的高低

　　小團隊是指為了完成某項任務、某個目標或是解決某種問題，而建立的最小成員單位。一般來說，30人以下都可以稱作小團隊。不過，這與行業類別和組織類型有很大的關係，若是技術密集型或資金密集型產業，不到10人就可以算是小團隊，而勞動密集型產業的生產或服務部門，也許人數要達到50人左右才稱得上是小團隊。

　　**管理者帶領小團隊的能力決定了團隊的績效水準，也決定所屬大團隊的價值輸出能力。**小團隊管理是大團隊管理的基礎，沒有成功的小團隊管理，就沒有成功的大團隊。

　　帶領小團隊是一項技術，很多創業公司管理者雖然手上握有很好的專案，但不會帶領小團隊，導致公司在創業之初陷入困境，失去繼續發展的機會。很多部門管理者雖然自身工作能力很強，但不會帶領小團隊，導致部門績效差，而失去晉升機會。很多專案負責人雖然很懂產品和規劃，但不會帶人，導致專案失敗，失去繼續當管理者的機會。

　　種花的人一定要研究和了解花的生長特性，按照花的生長規律去栽培，否則花就會枯萎。養魚的人一定要研究和了解魚的生存習性，按照魚的生存規律去飼養，否則魚會養不活。但是，很多小團隊管理者手下帶著很多人，卻不想主動研究人性、按照人性規律管理整個團隊。

　　人生病要吃藥，在服用藥物前，一定要閱讀使用說明書，否則可能吃錯藥或服用過量。若購買電器之後，發現不知道如何使用，一定會找出使用說明書來研究一番，否則可能會損壞電器或傷到自己。但是，很多小團隊管理者每天和部屬打交道，卻不想主動閱讀或參照「部屬使用說明書」。

人性是大多數人具有的思維模式和行為模式，也就是某種情況發生時，人們通常會如何思考、反應或行動。例如，當我們早晨上班，善意地向某位同事微笑打招呼時，對方多半也會馬上向我們打招呼。

人的思維模式和行為模式經常被忽視，如果管理者沒有忽視它們，而是善加運用，便能把部屬凝聚在一起，形成強大的團隊，發揮個體和群體的最大價值。相反地，如果小團隊管理者既忽視又無法好好運用，組織就會出現一系列問題。

《西遊記》中，唐僧師徒的取經團隊就是一支小團隊的縮影。在這支小團隊裡，每個人物既有優點也有缺點，還有不同的性格、訴求及想法，把他們湊在一起，就形成優秀的團隊。

在這支小團隊當中，談到打怪能力，唐僧是最弱的，別說有妖怪了，普通的壞人也能輕易打敗他。但我們不得不承認，唐僧領導的這支小團隊具有很強的凝聚力和戰鬥力。為什麼最弱的唐僧能管理好這支小團隊呢？答案是：**因為他懂得運用人的基本思維模式和行為模式來管理。**

## 1. 唐僧懂得人性

唐僧為小團隊設立共同目標，把成員個人目標與組織目標結合在一起。

在成員當中，除唐僧之外，沒有一個是原本就想去取經的。孫悟空只單純想從壓著他的山底下出來，回花果山當美猴王；豬八戒只想在高老莊和媳婦過日子；沙和尚只是想在流沙河裡當妖怪；白龍馬則是因為吃了唐僧的馬而被迫去取經。他們都是因為犯錯而受到懲罰，現在唐僧利用取經這件事讓他們戴罪立功。

## 2. 唐僧懂得用人

唐僧讓這支小團隊中的人才實現了合理搭配。

如果小團隊裡有兩個孫悟空，他們可能天天都在內鬥。如果沒有孫

悟空，只有豬八戒和沙和尚，唐僧可能早就被妖怪吃了。如果沒有豬八戒，取經路上可能會很悶，《西遊記》就變成一個單調的「打怪升級」故事。如果沒有沙和尚，由誰來挑擔？孫悟空和豬八戒都不願做這類體力工作。

在一個小團隊中，應該有不同屬性的人，並保持一定的比例，不能全是孫悟空，也不能全是豬八戒或沙和尚，要讓成員之間互補協作。這樣的人才合理搭配，才能實現「德者領導團隊、能者攻克難關、智者出謀劃策、勞者執行有力」的理念。

## 3. 唐僧懂得管人

唐僧很會以權制人，以法服人，以情感人，以德化人。

孫悟空代表著小團隊中能力很強的人，原本根本不會聽唐僧的，如果唐僧沒有緊箍咒，可能早就被他一棍子打死。實現小團隊的目標需要有規矩，緊箍咒就是一種規矩。制訂規矩也是管理者的必備技能。

唐僧從來不會濫用自己的權力，只有在大是大非面前，才動用自己的懲罰權，這一點非常值得學習。管理者不能不用懲罰權，但也不能濫用，這是領導的藝術。

一開始，孫悟空不尊重唐僧，團隊內部經常產生矛盾。孫悟空總覺得這個師父肉眼凡胎、不識好歹。但在經歷艱險之後，唐僧的執著、善良和關心感化了孫悟空，讓他願意一心一意保護唐僧。

然而，許多管理者不知道如何帶領小團隊，往往讓團隊陷入困境，例如：把成員當作工具，抱著「鐵打的營盤，流水的兵」的心態；對成員非常苛刻，想盡辦法控制他們，要求無條件服從；把自己與成員的關係看作是一場簡單的買賣，不投入任何情感。

針對許多管理者不懂得人、不會用人、不會管人、不會激勵人、不會培養人等問題，我汲取了指導公司中階與基層主管帶領小團隊的經驗，根據常見實際問題及其解決方案，總結出方便實用的100多種工具

 **溫暖管理課**

和方法，撰寫成本書。

　　為了讓讀者快速閱讀、理解、記憶及應用，本書的場景情境、實用工具，以及與工作相關的應用解析，全部採用圖解的方式呈現。希望讀者能夠學以致用，好好學習和工作。

新提拔的主管們能力不行，最近各部門頻頻出問題，部屬投訴嚴重、士氣低落、部門氛圍不好、績效差，真煩惱！

既然你提拔他們，表示他們都是業務上的專家和精英，出現這些問題也許是因為他們缺少帶小團隊的技巧。

源智公司新提拔的主管們

源智公司董事長
張強

任康磊

我也這麼覺得，該怎麼快速提升這批主管帶小團隊的能力呢？

如果有需要的話，我看看能不能幫到大家。

太好了！有你的幫助，這批新手主管一定能帶好小團隊！

我在你們公司待1週，會走訪不同的部門，你可以讓大家提出自己的疑問。

第 1 章

# 向西遊記學習，
# 把對的成員放在對的位置

每天管理部屬好累，沒有人可以讓我放心，好懷念以前不用帶部屬的時候。

管理小團隊不一定要不斷管理，如果懂得識人、用人，便能提升團隊的主觀能動性，團隊就能自行運轉。

可是團隊中沒有優秀人才，他們問題很多。我當初被提拔是因為工作認真踏實、業務能力優秀。從這方面來說，他們哪能比得過我？

或許他們也有優秀的一面或是擅長的領域，只是你沒發現。

是嗎？那我該怎麼做？

我們一起來探討如何了解成員吧！

# 1-1

## 用3方法傳達善意，
## 團隊成員揪甘心！

管理大師彼得‧杜拉克（Peter Drucker）認為，管理的本質是激發和釋放每個人的善意。管理者要做的是激發和釋放部屬固有的潛能，並創造價值，為他人謀福祉。那麼，我們該如何激發部屬的善意？其實，沒有什麼會比善意本身更有效，因此用管理者的善意激發部屬的善意，是帶團隊的首要任務。

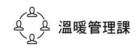 

# ▶▶▶ 1. 部屬總是對你敬而遠之？不妨主動表達關懷

🔒 問題場景

我感覺團隊氛圍很差，如何讓團隊氛圍變好？

要製造和諧的團隊氛圍，首先需要讓部屬覺得有被你尊重。

我沒有不尊重部屬啊？

你的想法和部屬的感受是兩回事。問你一個簡單的問題，你每天有主動問候他們嗎？

有時會簡單問候，但不曾主動打招呼。我是團隊的領導者，為什麼要主動問候？不是部屬應該主動問候我嗎？

也許這個想法就是問題所在，**每天主動問候和關心部屬**，會讓團隊氛圍越來越好。

有這麼容易嗎？

說起來簡單，做起來難。這需要持之以恆，每天發自內心地表達善意，你的善意會換來部屬的好意。

問題拆解

　　如果團隊管理者高高在上、不好親近，或者為了展示威嚴，刻意在團隊當中表現得頻率不同，那麼部屬很可能對管理者敬而遠之。

　　當團隊上下之間的層級感過分強烈，會造成團隊氛圍緊張，長期下來，部屬和管理者的每一次接觸都會成為負擔。

🗝 **實用工具**

**工具介紹**

**主動問候的3個方式**

想改善、優化團隊氛圍，就必須讓部屬覺得被尊重，因此管理者要表現謙和，讓部屬認為管理者容易親近，這可以從最簡單的主動問候開始。

┤ 主動問候可以點頭、微笑、打招呼 ├

點頭　　　　　　　　微笑　　　　　　　　打招呼

┤ 打招呼問候的 4 種說法 ├

| 用時間問候 | 用稱謂問候 | 用節日問候 | 稱呼＋時間問候、稱呼＋節日問候 |
|---|---|---|---|
| ・早安！<br>・午安！<br>・晚上好！<br>・週末愉快！<br>・生日快樂！ | ・小明好！<br>・小張好！<br>・小李好！ | ・新年快樂！<br>・中秋快樂！<br>・端午節快樂！<br>・佳節愉快！ | ・小明，早安！<br>・小張，週末愉快！<br>・小李，新年快樂！ |

## 工具介紹

### 關懷部屬的3個方式

　　部屬渴望自己被重視，希望得到管理者的關懷。關心部屬能增強上下級之間的信任、凝聚團隊，甚至在團隊中形成正能量。

──┤ 關懷部屬有 3 個方式：噓寒問暖、傳達善意、主動幫助 ├──

噓寒問暖

傳達善意

主動幫助

┤ 可以在 5 個方面關懷部屬 ├

| 衣 | 食 | 住 | 行 | 工 |
|---|---|---|---|---|
| ・明天好像會變冷，記得多穿一點，小心著涼。<br>・聽說某品牌的衣服在特價。<br>・我覺得你的穿搭很有品味。<br>・你的穿衣風格很適合你。 | ・吃飯了嗎？<br>・便當的口味怎麼樣？<br>・你最近好像瘦了，是不是吃得不好？<br>・回家自己煮飯嗎？ | ・你住在哪個區域？<br>・租房還是買房？<br>・住的環境怎麼樣？<br>・離公司會不會很遠？ | ・平時怎麼上下班？<br>・路上會不會塞車？<br>・上下班和誰一起走？<br>・上下班時間和家人能否配合？ | ・對這份工作有什麼樣的感受？<br>・工作哪裡最滿意或哪裡最不滿意？<br>・工作上有遇到難題嗎？<br>・是否需要幫助？ |

## 應用解析

每天早晨見面時，可以問候部屬「早安」或「早」。這裡要注意部屬的稱謂，例如可以說「小張，早安」，而不要用「喂，早安」或「嗨，早安」之類的語氣代替稱謂。

在上班時間與部屬相遇時，可以點頭、微笑或說「嗨！」，而不是低頭走過或視而不見。

午休時，可以面帶笑容地問：「午飯時間到了，小張，我們一起去吃午飯吧？」或「小張，吃午飯了嗎？」。
下班時，可以笑著問：「小張，下班時間到了，怎麼還沒離開辦公室？」

### 溫暖提醒

管理者在主動問候和關懷部屬時，要注意以下3點：

**1. 熱情**：見到部屬要主動開口問候，部屬問候自己時要立即回應。對待部屬要主動表達熱情，注意稱呼的方式。

**2. 善意**：在與部屬交流時，要保持友好、真誠，目光必須注視對方，要面帶微笑。做到眼到、口到、心到。

**3. 大方**：問候要自然，不要讓部屬感覺你是刻意為之，不要有不當的肢體動作，音量要夠大，讓對方聽得清楚。

## ▶▶▶ 2. 他的工作成果沒達標？與其責怪不如多問Why

 問題場景

問題拆解

　　導致部屬工作無法達到管理者預期的原因，可能是主管對於部屬的預期不現實、工作資源使他無法完成工作、能力沒有達到完成工作的條件。如果是以上這些情況，責怪部屬只會適得其反。

　　如果發現部屬工作做得不到位，首先要做的不是批評或否定他，而是一起找出原因，可以連續問「為什麼」，找出問題的根源。透過這種方式可能會發現，工作達不到預期的根本原因其實不在部屬身上。即使確實是因為個人原因而沒有達到預期，這種方式也可以幫助部屬找到問題根源，從根本上解決問題。

## 實用工具

### 工具介紹

**連續問為什麼**

當部屬的工作沒有達到預期時，管理者可以多問幾個「為什麼」，直到找出真正原因，然後針對這些原因，和部屬一起採取解決措施。

── 運用「連續問為什麼」來查找問題的流程 ──

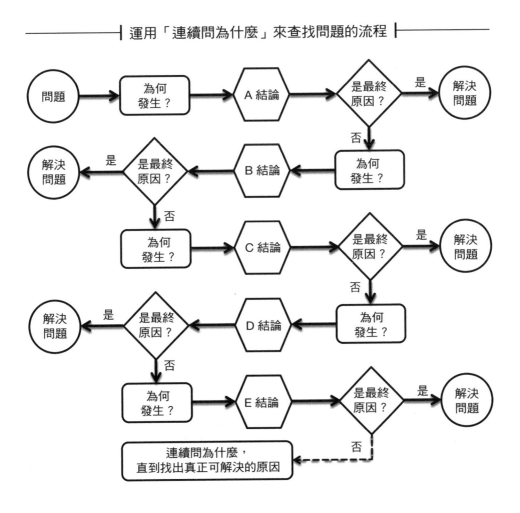

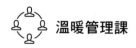

 溫暖管理課

## 應用解析

某公司財務系統升級專案的階段性進展比預期慢。運用連續問為什麼的方法查找原因。

**問題：財務系統升級專案停滯，導致完成時間晚於預期。**

為什麼專案會停滯？

因為業務部門沒有提供財務部門需要的數據

為什麼業務部門沒有提供數據？

因為業務部門之前沒有累積數據。財務系統升級是臨時專案，業務部門需要臨時統計

為什麼業務部門之前沒有累積數據？

因為業務部門之前的工作內容中，沒有統計這些基礎數據

為什麼業務部門不統計這些基礎數據？

一部分原因是業務部門平時用不到，但主要是因為公司沒有這方面的要求

為什麼公司沒有這方面的要求？

一是財務部門之前不曾告訴業務部門，平時統計這些數據的重要性；二是財務部門沒有讓公司的管理高層重視這項工作

### 溫暖提醒

運用連續問為什麼的方法來查找原因時，要注意以下3點：

1. 不要總是找外部原因，要多從內部尋找。
2. 不要一直找客觀原因，要從主觀上尋找。
3. 不要總是找次要原因，要從頂層出發尋找主因。

## ▶▶▶ 3. 交流互動的回饋度高，可以拉近雙方距離

🔒 問題場景

我總是覺得自己不被部屬喜歡。

你怎麼會有這種感覺？

前陣子來了一個新人，剛開始相處起來不錯，後來卻開始疏遠我。我平時明明有主動問候和關心部屬。

你認為問題出在哪裡？

部屬曾說每次工作期間和我說話，我都一邊工作，一邊說話，經常只回覆「嗯」，讓他們無所適從。可是我手頭也有重要工作……

這不是一個小問題。如果部屬在和你溝通時，得到的回饋太少，確實會無所適從，而且會覺得自己沒有受到尊重。

問題拆解

　　管理者的回饋方式會影響部屬的行為。交流時的回饋，是讓對方知道自己對某個問題秉持什麼樣的態度、有什麼樣的想法。如果一方的回饋度較低，另一方便難以知道對方在想什麼，而且有些低回饋度的語言，會讓人感覺不被尊重。相反地，如果雙方都採用高回饋度的語言，便能獲得對方充足的資訊，同時還能感受到對方非常認真投入到交流中，感覺自己受到尊重。

## 實用工具

### 工具介紹

**高回饋度的語言**

　　語言回饋是指雙方交流時，當一方提出一種資訊後，另一方藉由語言做出反應。這裡的語言可以是聲音語言、肢體語言或表情語言。

　　管理者為了和部屬拉近距離、傳達善意、交流資訊，可以採用高回饋度的語言。高回饋度的語言，是指給予對方的資訊豐富、方式多樣的回饋語言。

──┤ 交流中，語言回饋非常重要 ├──

檔案傳輸中⋯⋯

| 70% | |
|---|---|

剩餘時間：2分鐘

傳輸檔案過程中顯示的進度條、百分比及剩餘時間，就是一種回饋。
想像一下，如果傳輸檔案時沒有這些回饋資訊，不知道何時才能傳輸完成，會不會讓人很焦慮？

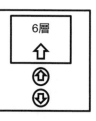

電梯顯示板上的樓層資訊、當前正在向上或向下的資訊，也是一種回饋。
想像一下，如果沒有這些回饋，人們不知道電梯現在處在什麼位置，不知道何時來、何時到達，會不會很焦慮？

┤ 語言回饋的 3 種類型 ├

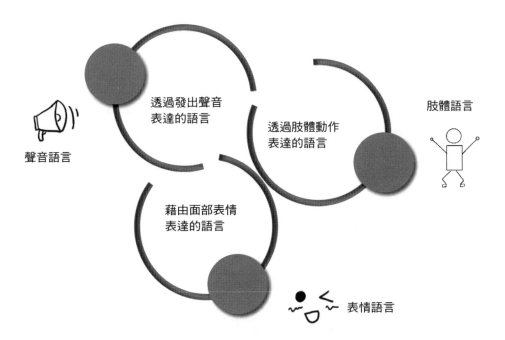

聲音語言

透過發出聲音
表達的語言

透過肢體動作
表達的語言

肢體語言

藉由面部表情
表達的語言

表情語言

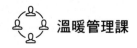 應用解析

───┤ 高回饋度語言和低回饋度語言的差異 ├───

面對面直視對方,向對方表達
肯定的肢體語言

不看對方,肢體語言傳遞的資訊
不明確,讓人感到疑惑

表情投入,持續點頭

 **VS**

神態冷漠,面無表情

表達肯定和否定意見時,都充
分表達自己的想法,並與對方
充分交換資訊

表達肯定意見時只用「嗯」,
表達否定意見時只說「不行」
或不說話

**溫暖提醒**

　　在運用高回饋度語言時,要集中精力,全心全意投入與對方的交
流中,不要左顧右盼,更不要一邊看手機或電腦,一邊和別人交流。
　　高回饋度語言的種類繁多、較靈活,應用時要因人而異,但原則
是讓對方感受到被尊重,同時還要充分交換資訊。

# 1-2
# 聽他說看他做，
# 當個溫暖慧眼的管理者

想把事情做好，勢必要借助他人或團隊的力量，而俗話說：「知己知彼，百戰百勝」，因此必須先了解他人。管理者要了解團隊成員，首先要具備基本的識人本領。

## ▶▶▶ 1. 和部屬聊天交心，要話題靈活、時間平均分配……

🔒 問題場景

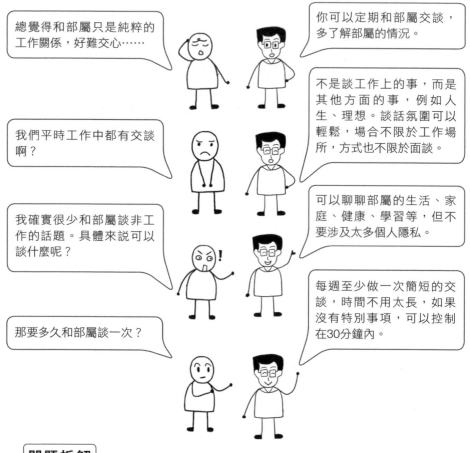

總覺得和部屬只是純粹的工作關係，好難交心……

你可以定期和部屬交談，多了解部屬的情況。

我們平時工作中都有交談啊？

不是談工作上的事，而是其他方面的事，例如人生、理想。談話氛圍可以輕鬆，場合不限於工作場所，方式也不限於面談。

我確實很少和部屬談非工作的話題。具體來說可以談什麼呢？

可以聊聊部屬的生活、家庭、健康、學習等，但不要涉及太多個人隱私。

那要多久和部屬談一次？

每週至少做一次簡短的交談，時間不用太長，如果沒有特別事項，可以控制在30分鐘內。

問題拆解

　　當你發現和部屬很難交心，有距離感時，說明彼此還不夠了解、信任。團隊中的上下級之間不應只是純粹的工作關係，而應該在工作時是好戰友，分開後是好朋友。想要團隊成員更加團結、彼此交心，平時要多認識部屬、定期和他交談，不僅要了解工作情況，還要知道工作之外的生活、家庭、健康、學習等情況。

## 🔑 實用工具

### 工具介紹

**與部屬談話的方法**

團隊中，管理者應定期和部屬就非工作的話題進行交談，多了解部屬的非工作情況，以加深上下級之間的理解，並增強團隊友誼，強化部屬對管理者的信任及團隊歸屬感。

───┤ 除了工作之外，管理者可定期和部屬交談的四大領域 ├───

| 生活 | 家庭 | 健康 | 學習 |
|---|---|---|---|
| ・有什麼興趣愛好？<br>・生活上有沒有困難？<br>・有沒有買房？<br>・有沒有買車？ | ・父母年紀多大？<br>・身體怎麼樣？<br>・孩子幾歲？<br>・在哪裡上學？<br>・現在有沒有對象？ | ・體檢結果怎麼樣？<br>・如何健身？<br>・如何減肥？<br>・如何排解負面情緒？ | ・有沒有繼續深造的打算？<br>・有沒有考證照的打算？<br>・最近在學什麼？<br>・對哪方面的知識感興趣？ |

──────┤ 每次談話結束後，可使用表格做記錄 ├──────

| 姓名 | 第1週<br>談話次數 | 第2週<br>談話次數 | 第3週<br>談話次數 | 第4週<br>談話次數 | 本月合計<br>談話次數 |
|---|---|---|---|---|---|
| 小張 | | | | | |
| 小王 | | | | | |
| 小李 | | | | | |
| 小劉 | | | | | |

## 應用解析

───┤ 團隊中，管理者與部屬交談的案例 ├───

小王，看你最近愁眉苦臉的，有什麼心事嗎？

其實我媽住院了，我的女朋友在照顧她，可能是我惦記著這件事的關係⋯⋯

怎麼不早點說呢？媽媽現在怎麼樣？如果有需要，你可以請假去照顧她。

不用吧⋯⋯醫生說我媽恢復得不錯，後天可以出院，之後在家靜養就可以了，而且我手頭還有幾個重要工作⋯⋯

別跟我客氣！你明天開始在醫院好好陪媽媽，一會兒我和你一起去看看她。工作的事回來再說！

經理！太謝謝您了！

### 溫暖提醒

管理者與部屬交談的注意事項如下：

**1. 靈活**：談話內容可根據部屬的情況調整，但要尊重對方隱私。

**2. 時間**：過短會顯得沒有誠意，過長則會影響工作。建議每週每人30分鐘。

**3. 平均**：要平均分配交談時間，不要和某個部屬過於頻繁地交談或來往，而冷落其他部屬。

## ▶▶▶ 2. 只看績效沒人性，得從哪些方面做客觀評價？

🔒 問題場景

我總是覺得部屬不好，想換人又怕新來的也不好。

你認為好的部屬要具備什麼條件？

至少要有能力、有水準吧！

具體來說是什麼樣的能力？你的標準定在哪裡？

我沒有仔細想過，也許遇到「好部屬」之後就知道了！

如果你沒有想過「好」的標準，不論你的部屬是誰，你都會有不滿意的地方。看待部屬，你應該用「維度觀」，而不是「是非觀」。

問題拆解

對於簡單、客觀、明確的事件，可以用是非觀來判斷，但對人的評價不能只用是非觀來判斷。若運用是非觀，表現出來的樣子是對待某個部屬不是覺得好，就是覺得不好，但又說不清楚哪裡好或哪裡不好。其實這樣存在很大的問題，判定部屬的好與不好，應該全方位、多角度、理性地判斷。

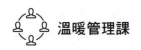

## 🔑 實用工具

### 工具介紹

**維度觀**

　　評判部屬不應簡單地判斷好或不好、行或不行，而是設定幾個需要具備的特質，根據他在這些特質上的情況做判斷。

　　使用維度觀評判部屬的常見方法有兩種：一是按照工作評價劃分維度；二是按照職位勝任力來劃分。

┤ 按照工作評價劃分維度 ├

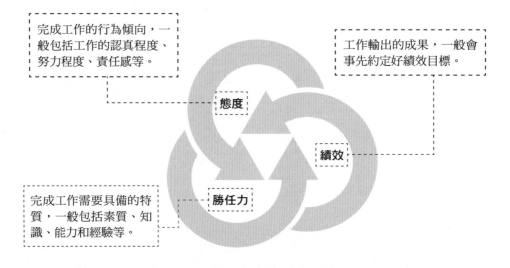

完成工作的行為傾向，一般包括工作的認真程度、努力程度、責任感等。

工作輸出的成果，一般會事先約定好績效目標。

**態度**

**績效**

**勝任力**

完成工作需要具備的特質，一般包括素質、知識、能力和經驗等。

┤ 按照工作評價劃分維度的表格工具 ├

| 姓名 | 態度 | 勝任力情況 | 績效情況 | 綜合評價 |
|---|---|---|---|---|
| 小張 | | | | |
| 小王 | | | | |
| 小李 | | | | |

─────┤ 按照職位勝任力劃分維度 ├─────

由個人特質決定，根深蒂固，不太容易改變，包括性別、年齡、人格、智商、人生觀、世界觀、價值觀等。

由知識轉化而來，在一定的知識基礎上，能完成某個目標或任務的可能性。只有知識沒有能力，就是紙上談兵。

素質　　能力

知識　　經驗

藉由學習、查閱資料等後天學習而來的資訊和技能，包含專業、學歷、社會培訓、證書、認證、專利，以及職位需要的知識等。

由從事某工作時間的長短決定。能力和經驗有一定的關連，但並非持續相關。一般隨著時間增加、經驗增長，能力的提升會趨於平緩。

─────┤ 按照職位勝任力劃分維度的表格工具 ├─────

| 姓名 | 素質情況 | 知識情況 | 能力情況 | 經驗評價 | 綜合評價 |
|------|---------|---------|---------|---------|---------|
| 小張 |  |  |  |  |  |
| 小王 |  |  |  |  |  |
| 小李 |  |  |  |  |  |

┤ 職位勝任力劃分維度舉例：某行政職位 ├

| 比較 | 素質情況 | 知識情況 | 能力情況 | 經驗情況 |
|---|---|---|---|---|
| 職位預期 | 性格溫和<br>中等智力水平<br>追求平穩<br>年齡20～30歲 | 本科以上學歷<br>行政管理類專業<br>能力優秀者不限專業<br>辦公軟體操作<br>技能 | 溝通能力<br>組織協調能力<br>解決問題能力<br>辦公軟體應用能力<br>文字輸入能力 | 1～3年相關經歷<br>能力優秀者可無<br>經驗 |
| 小張情況 | 性格溫和<br>中等智力水平<br>追求平穩<br>年齡32歲 | 專科學歷<br>工商管理專業<br>辦公軟體操作<br>技能 | 溝通能力<br>組織協調能力<br>解決問題能力<br>辦公軟體應用能力<br>文字輸入能力 | 5年工作經驗 |
| 小張綜合評價 | 年齡比預期大2歲 | 學歷與預期有差異 | 能力與預期匹配 | 經驗高於預期 |

 應用解析

──────┤ 按照工作評價劃分維度的要求等級和當前等級的差異 ├──────

| 等級 | 態度 | 勝任力 | 績效 |
|------|------|--------|------|
| 要求等級 | 5 | 5 | 5 |
| 當前等級 | 5 | 3 | 4 |
| 等級差異 | 0 | -2 | -1 |

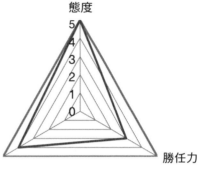

──────┤ 按照職位勝任力劃分維度的要求等級和當前等級的差異 ├──────

| 等級 | 素質 | 知識 | 能力 | 經驗 |
|------|------|------|------|------|
| 要求等級 | 5 | 5 | 5 | 5 |
| 當前等級 | 5 | 2 | 3 | 4 |
| 等級差異 | 0 | -3 | -2 | -1 |

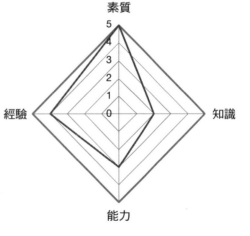

**溫暖提醒**

　　看似優秀的部屬也有不足之處，看似差勁的部屬也有可取之處，管理者不能全盤肯定或否定他們。利用多角度評價部屬，就能準確知道部屬哪裡好與哪裡不好，再針對其優點用人所長、揚長避短，並針對缺點實施強化訓練。

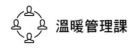
## ▶▶▶ 3. 他沒你想的那麼差！透過一張表格活用優點

🔒 **問題場景**

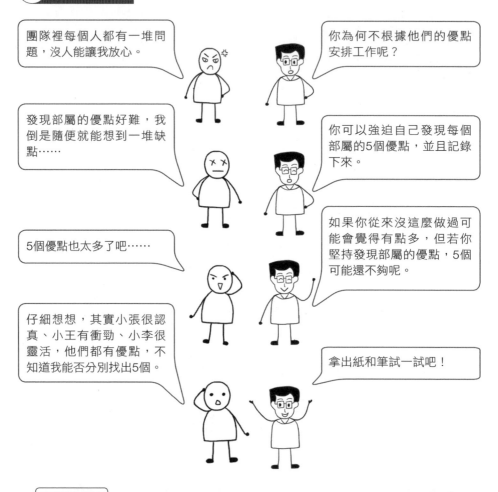

**問題拆解**

若總是以充滿愛的眼光看待世界，到處都會充滿善良；若總是以警惕的心看待世界，到處都會充滿邪惡。同樣地，只要認真尋找部屬的優點，每位都是可用之才；若只盯著缺點，那麼沒有一個是可用的。

## 🔑 實用工具

### 工具介紹

**發現部屬的優點**

　　每個人都有優缺點，管理者要用人所長、避其所短，利用團隊來截長補短。發揚優點比改善缺點容易。發現優點、根據部屬的優點安排工作，比發現他的缺點、改變缺點更加高效。

┤ 發現部屬優點的表格工具 ├

| 序號 | 優點 | 具體表現 | 可能對團隊或工作帶來的幫助 |
|---|---|---|---|
| 1 | | | |
| 2 | | | |
| 3 | | | |
| 4 | | | |
| 5 | | | |

┤ 發現部屬優點的 3 步驟 ├

**第1步**
拿出一張紙和一支筆，總結某位部屬的5個優點，並且從1到5排出優先順序，盡可能列出部屬的優點。

**第2步**
思考、總結各個優點的具體表現。這一步要做到聚焦，若發現第1步的某個優點沒有具體行為佐證，應將其刪除。

**第3步**
總結各個優點能帶給團隊或工作的幫助。思考優點除了有利於當前負責的工作之外，還可應用在哪些地方，以及哪些部屬可互補。

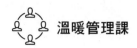
 應用解析

────────┤ 發現部屬優點的注意事項 ├────────

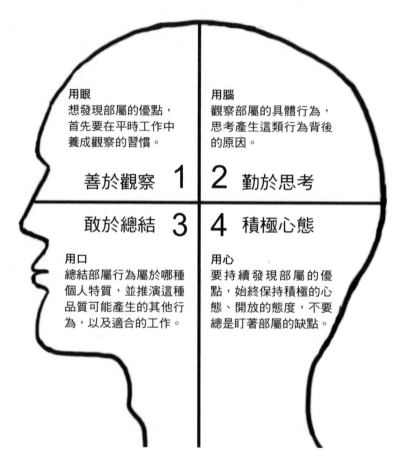

**用眼**
想發現部屬的優點，
首先要在平時工作中
養成觀察的習慣。

善於觀察 **1**

**用腦**
觀察部屬的具體行為，
思考產生這類行為背後
的原因。

**2** 勤於思考

敢於總結 **3**

**4** 積極心態

**用口**
總結部屬行為屬於哪種
個人特質，並推演這種
品質可能產生的其他行
為，以及適合的工作。

**用心**
要持續發現部屬的優
點，始終保持積極的心
態、開放的態度，不要
總是盯著部屬的缺點。

**溫暖提醒**

　　對於平時從來不主動發現部屬優點的管理者來說，付諸行動的第1
步是拿出紙和筆寫出部屬的優點。在持續運用這種方法一段時間之後，
管理者可能會發現部屬越來越多的優點。一般來說，管理者對每個部屬
總結出的優點應為5～10項。

# 1-3

# 發現部屬的需求與特質，
# 讓他們截長補短

有個成語叫做「適材適用」，是指把人才分配到與他才能相當的職位上，使其發揮才能。管理者若能根據部屬特質，將他們安排到適合的職位上，便能達到人盡其才的效果，因此找出他們的需求與特質是首要任務。

## ▶▶▶ 1. 參照馬斯洛需求層次理論，了解部屬要什麼

 問題場景

根據部屬的優點，我就能準確替部屬安排工作！

光知道優點可能還不夠，還得了解部屬的需求。

什麼需求？

需求是指人們心裡想要的東西，它影響人的行為，和對事物重要程度的排序。

這個我聽過，好像叫需求理論？它要怎麼運用呢？

是的，它叫需求層次理論。人們偏向滿足自己當前最大的需求而採取行動。找到部屬的需求，針對需求用人，就能最大程度地提高部屬的主觀能動性。

問題拆解

　　人們的需求會影響行為，沒有得到滿足的需求較容易激發人們的行為。人們的需求有一定的排序規律，通常是從最基本的生存需求，到複雜的精神需求。一般來說，人們在較低層次需求得到滿足之後，會產生較高層次需求。當然，也有人不遵循這種規律。針對部屬的需求安排工作，可以激發部屬的主觀能動性。

工具介紹

**需求層次理論（Maslow's hierarchy of needs）**

　　這項理論最早是由美國心理學家亞伯拉罕‧馬斯洛（Abraham Harold Maslow）在1943年提出。需求層次理論的核心，是人們因為心智、環境等的不同，而產生不同的需求。它分成不同層次，由低到高分別是生理、安全、情感和歸屬、尊重，以及自我實現。

─────┤ 介紹馬斯洛提出的需求層次理論 ├─────

最高層次的需求。這是人們希望透過努力和付出，實現自己的理想、目標及能力範圍內的事，以得到滿足感的需求。簡單來說，人們希望藉由努力，不斷發掘自身潛能，成長為自己想成為的人。

- - - - - - - - - - - - - - - - - - - - - - - - -

這是人類渴望被自己、他人及社會認同，獲得某種認同感的需求。這裡的認同感來自兩個層面：一是對自身的尊重，也就是自尊；二是他人對自己的尊重。人們渴望透過行為獲得這兩方面的尊重。

- - - - - - - - - - - - - - - - - - - - - - - - -

這是人類藉由社交尋找感情寄託，獲得歸屬感的需求。人與人的交往會產生不同的感情。人們都希望得到正向的感情，例如：主管的關懷、友情、親情及愛情等。

- - - - - - - - - - - - - - - - - - - - - - - - -

這是人類獲得安全感的需求。不論是身體還是心靈，人們都需要一個避風港，來獲得安全感。當人們不再為最基本的生存問題煩惱，就會開始追尋這種安全感。

- - - - - - - - - - - - - - - - - - - - - - - - -

最原始、最基本的生存需求。例如：飲食、睡眠等都屬於生理需求。這類需求構成人類生存下去的最基本需求。生理需求是人類的求生本能，在某些極端情況下，會成為激發人類行為的最強大動力。

 應用解析

──┤《西遊記》中，主要人物對應需求層次理論的舉例 ├──

唐僧表現出較強的自我實現需求。目標、意義和價值是他的關鍵字。他一心只想到西天取經，然後回到東土大唐普度眾生，希望藉由完成西天取經這個宏偉的目標，實現自己的人生價值。

孫悟空表現出較強的尊重需求。成就感、被欣賞和被尊重是他的關鍵字。不論是他自封名號，還是不斷告訴別人自己是齊天大聖，都是內心渴望得到他人的尊重和認同。

白龍馬表現出較強的情感和歸屬需求。友情和歸屬感是他的關鍵字。他非常忠誠、任勞任怨，因為吃了唐僧的白馬，而被懲罰與團隊一起取經，在取經過程中與唐僧團隊結下深厚的友誼。

沙和尚表現出較強的安全需求。秩序、安全是他的關鍵字。他默默無聞、忠心耿耿、任勞任怨、有執行力。加入取經團隊之後，他找到組織，獲得安全感。

豬八戒表現出較強的生理需求。吃、喝、睡是他的關鍵字。他詼諧幽默，很有心計，但他貪吃、滿腹牢騷。對豬八戒來說，最重要的似乎是吃、喝、睡這類事情。

溫暖提醒

　　需求層次理論能幫助我們認清人們因為成長背景、生存環境、所處時間階段的不同，而產生不同層次的需求。要激發個體的行為，需要考慮各自的需求，針對獨特需求滿足所需，這樣激勵的效率才會更高。

　　不過，需求層次理論有一定的局限，例如：人們的需求有時是複雜多樣的，不一定在低層次需求沒有得到滿足時，就沒有高層次需求。各層次之間也不一定有明確界限，有些需求可能是融合在一起。

## ▶▶▶ 2. 西遊記＋PDP性格測試，幫你發掘5種人才

### 🔒 問題場景

知道部屬的優點和需求後，我用人應該沒問題了！

如果把用人和部屬的特質互相搭配，不是更好嗎？

只用內向和外向劃分太簡單了，不妨根據性格，分成唐僧型、孫悟空型、豬八戒型、沙和尚型和白龍馬型。

那還得分清楚部屬是內向還是外向吧？該怎麼劃分呢？

又是《西遊記》？

是的，用《西遊記》角色的性格特徵將部屬分類，會有一定的科學性和實用性，而且容易記住。

### 問題拆解

　　曾有個問題：「如何讓一頭豬爬上樹？」這個問題的答案是：如果要爬樹，為何不在一開始就找一隻猴子？從這個答案可以看出特質對於用人的影響。每個人都有不同的性格特質，以及適合從事的工作。管理者在用人時，若不考慮部屬的性格特質而隨意任用，很可能引起部屬抗拒的情緒，甚至讓工作的完成品質大打折扣。

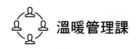
 實用工具

### 工具介紹

**人才性格的5種類型**

　　人才能夠根據性格來劃分，可以使用PDP性格測試（Professional Dynametric Programs）。本書採用《西遊記》的主要人物命名，分成唐僧型、孫悟空型、豬八戒型、沙和尚型和白龍馬型，讓讀者更容易理解和記憶。

┤ 5 種人才性格類型的特點 ├

**外向、主動、追求高效**

**孫悟空型：權威的領導者**
結果導向、積極果斷、行動力強、愛冒險、喜歡挑戰和創新

**豬八戒型：有效的溝通者**
社交能力強、喜歡表達、樂觀、藉由影響他人讓事情取得進展

**目標任務導向**
**理性、制約**

**人際關係導向**
**感性、開放**

**白龍馬型：靈活的通才**
善於協調、適應力強、容易轉換風格

**唐僧型：追求精準的專家**
追求精確、客觀謹慎、遵守制度

**沙和尚型：耐心的合作者**
敦厚老實、有毅力、路遙知馬力

**內向、被動、不強調高效**

💡 應用解析

┤ 5 種人才性格類型的應用 ├

典型唐僧型的人，適合做財務、資料分析、程式設計、產品研發等研究型工作，他們能安靜地做好一件事。這類人才的優點是精確度高、邏輯性強、遵守規則和制度；缺點是經常把事實和精確度置於感情之前，容易被認為感情冷漠，有時過分關注細節，鑽牛角尖，讓人覺得吹毛求疵。

典型孫悟空型的人，適合做開拓新市場、內部變革的先驅者，也適合做管理者。這類人的優點是有決斷力，善於控制局面，能果斷做出決定；缺點是在決策上容易獨斷、不易妥協，容易和他人發生爭執，可能會過度用力。

典型豬八戒型的人，適合做銷售、市場、公關、企劃等與人打交道的工作。這類人的優點是創意較多，喜歡人際交往、熱心樂觀、生性活潑；缺點是有時思考模式比較跳躍，常常無法顧及細節和計畫，可能不太注重結果，有時過於樂觀。

典型沙和尚型的人，適合做行政、櫃檯、客服、接待等按部就班的工作。這類人才的優點是安穩、行事穩健、性情平和、感情敏感，在集體內部人緣較好；缺點是喜歡依附於人，難以堅持自己的觀點或迅速做出決定，不喜歡挑戰，較守舊。

典型白龍馬型的人較靈活，適合做各種類型工作。這類人的中庸之道讓他們處事圓融、能適應環境、善於整合資源，具有良好的溝通和辦事能力。不過，靈活既是這類人的優勢也是劣勢。他們有時沒有強烈的個人意識形態，搖擺不定、難以捉摸、善變、不講原則。

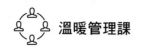 

溫暖提醒

　　1. 團隊中存在各種性格的人。世上沒有完美的個體，只有完美的團隊。團隊中成員的性格互補，能幫助團隊更好地完成目標。5種性格類型的人才互相搭配，能達到取長補短的效果。團隊管理者要善於發揮部屬的優點。

　　2. 有些人具備5種人才性格特質中的2種，有些人甚至更多。對於具備多種性格特質的人，可以綜合看待他的性格特質，分成主性格偏向和輔性格偏向。

　　3. 性格並非一成不變，時間的變化、職業的轉換、經歷的不同、習慣的養成等因素，可能會使同一個人在不同時期有不同的性格。因此，團隊管理者要以發展的眼光看待部屬的性格。

## ▶▶▶ 3. 資源分配給Top 20%的人，就能增強整體績效

🔒 問題場景

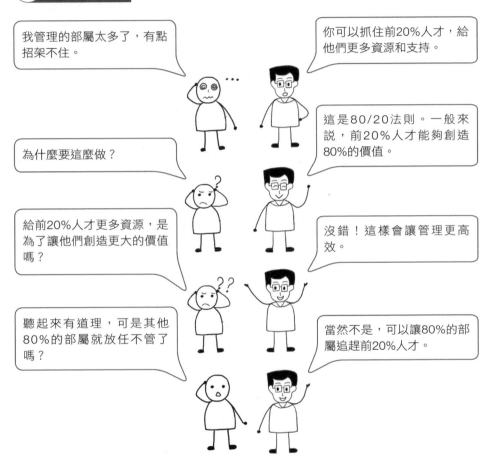

### 問題拆解

當成員較多、事務繁忙時，可能會消耗管理者的大量精力，有時會有「人管不過來」或「工作做不完」的感覺。這時候，不要被紛擾的人員和繁多的事務亂了陣腳，只要學會抓住關鍵，就能事半功倍。

## 🔑 實用工具

### 工具介紹

**80/20 法則**

　　這項法則也叫二八法則或80/20定律，是指在任何群體中，重要因素通常占少數，大約20%，但它們的貢獻和影響占多數，大約80%；相反地，不重要因素占多數，大約80 %，但它們的貢獻和影響占少數，大約20%。

　　這項法則運用到團隊中，一般表現為大部分的貢獻是由重要的少數人所提供。例如：80%的利潤來自20%的優秀員工；20%的優秀成員，創造80%的價值。

　　除了應用在團隊管理之外，80/20法則還可以應用在客戶管理和產品開發方面。舉例來說，80%的收入來自20%的重點客戶；80%的收益源於20%的重點產品或服務。此外，80/20法則還可以應用在時間管理、財務管理、資源管理等方面。

┤ 團隊中的 80/20 法則示意圖 ├

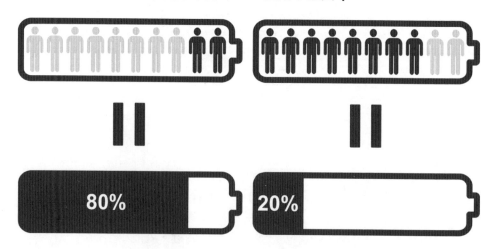

前20%的人才，創造80%的價值　　　　80%的其他部屬，創造20%的價值

 應用解析

────────┤ 應用 80/20 法則提高團隊效能舉例 ├────────

**1**

前20%人才創造的價值　　　　　　其餘80%部屬創造的價值

假設管理者的時間、精力、獎金等資源值是100，當前團隊創造的價值也是100。當管理者把資源值中的20分配給前20%人才、80分配給其餘80%部屬時，根據80/20法則，前20%人才創造80%價值，其餘80%部屬只能創造20%價值。

**2**

前20%人才創造的價值　　　　　　其餘80%部屬創造的價值

把第1種情況中，管理者資源值中的50分配給前20%人才，資源值的另外50分配給其餘80%部屬。此時，前20%人才獲得的資源值為原來的2.5倍（50÷20），理論上創造的價值提升為原來的2.5倍，也就是200（2.5×80）；其餘80%部屬獲得的資源值為原來的62.5%（50÷80），創造價值減少為原來的 62.5%，也就是12.5（62.5%×20），創造價值總和為 200+12.5=212.5。

**3**

前20%人才創造的價值　　　　　　其餘80%部屬創造的價值

把第1種情況中，團隊管理者資源值中的80分配給前20%人才，資源值中的另外20分配給其餘80%部屬。此時，前20%人才獲得的資源值為原來的4倍（80÷20），理論上創造價值提升為原來的4倍，也就是320（4×80）；80% 其他部屬獲得的資源值為原來的25%（20÷80），創造價值減少為原來的25%，也就是5（25%×20），創造價值總和為320+5=325。

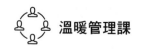 

**溫暖提醒**

　　管理者可以運用80/20法則，把資源適當分配給頂端人才，才能有效提高團隊效能，提升團隊創造的整體價值。但是，這不代表應該將所有資源分配給頂端人才，因為團隊必須分工，就像演戲一定要有主角和配角，若沒有配角，戲可能就無法演出。

　　運用80/20法則，關鍵在於團隊中「主」與「次」的平衡。不應該按照人數平均分配資源，也不應該把資源全部投注在主方而忽略次方。

# 1-4

## 人多未必力量大，
## 怎麼打造1+1＞2的團隊？

　　《左傳‧宣公十六年》中提及的「稱善人，不善人遠」，是指稱讚舉薦好的人，不好的人自然會離你遠遠地。優化團隊也是這個道理，選對人、用對人，就能建構出強大的組織能力，團隊才會戰無不勝。

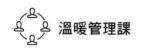

## ▶▶▶ 1. 冰山模型和STAR模型，讓你面試不會看走眼

🔒 問題場景

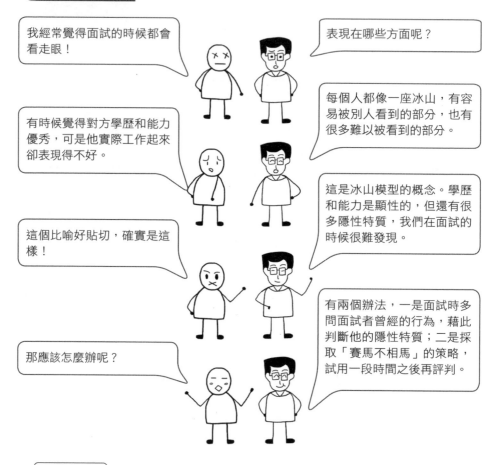

我經常覺得面試的時候都會看走眼！

表現在哪些方面呢？

有時候覺得對方學歷和能力優秀，可是他實際工作起來卻表現得不好。

每個人都像一座冰山，有容易被別人看到的部分，也有很多難以被看到的部分。

這個比喻好貼切，確實是這樣！

這是冰山模型的概念。學歷和能力是顯性的，但還有很多隱性特質，我們在面試的時候很難發現。

那應該怎麼辦呢？

有兩個辦法，一是面試時多問面試者曾經的行為，藉此判斷他的隱性特質；二是採取「賽馬不相馬」的策略，試用一段時間之後再評判。

問題拆解

　　人是複雜的，管理者在面試過程中，容易看到面試者的外表、身軀、學歷、經歷等，卻難以看到深層特質。這需要管理者刻意觀察、關注細節，或透過試用期的實際接觸，繼續觀察對方的深層特質。

🔑 **實用工具**

**工具介紹**

**冰山模型**

　　這項模型是由美國心理學家大衛·麥克利蘭（David McClelland）提出，它把人們的特質分成冰山上的部分和冰山下的部分。

　　冰山上的部分包括知識、技能、經驗等，是容易測評的部分，也較容易藉由培訓來發展或改變。冰山下的部分包括自我認知、人格特質、動機等，是內在、難以測評的部分。這個部分對人們的行為發揮關鍵作用，較難受外界影響而改變。專業的測評工具、有意識的觀察，以及長時間的接觸與行為觀察，有助於發現冰山下的部分。

┤ 冰山模型示意圖 ├

一個人在特定領域中掌握的資訊。

透過學習形成某種可表現出來的專業行為。藉由反覆學習和訓練，可提高專業技能的熟練程度。

**顯性特質**

知識（knowledge）

技能（skills）

自我認知（self-concept）

人在其行為過程中具備某種相對穩定的特徵，這種特徵會驅動產生特定行為，進而產生相應的行為結果。

**隱性特質**

人格特徵（traits）

動機（motives）

最底層的是深層動機，它是促使人們追求某種成就的內在動力。

人們對自身的內在定位，是對自己的身分、態度、價值觀等的自我假設。

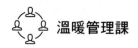 

 應用解析

———————┤ 面試中的 STAR 模型 ├———————

STAR模型是用來評量面試者過去行為的工具,也是一個面試問題生成器。根據面試者以往的行為,可深入評價他的特質,預見他未來可能做出的行為。

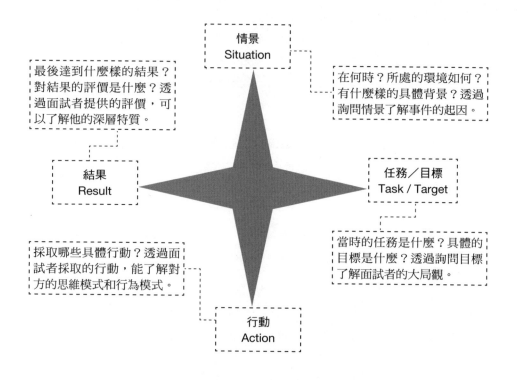

情景
Situation

最後達到什麼樣的結果?
對結果的評價是什麼?透
過面試者提供的評價,可
以了解他的深層特質。

在何時?所處的環境如何?
有什麼樣的具體背景?透過
詢問情景了解事件的起因。

結果
Result

任務／目標
Task / Target

採取哪些具體行動?透過面
試者採取的行動,能了解對
方的思維模式和行為模式。

當時的任務是什麼?具體的
目標是什麼?透過詢問目標
了解面試者的大局觀。

行動
Action

某位曾參與開發專案的人來面試，你可以詢問以下問題：
1. 當初為何要做這個項目？有什麼樣的背景？（情景）
2. 這項專案的目標是什麼？你負責什麼？任務目標是什麼？（任務／目標）
3. 為了達成目標，你做了哪些工作？（行動）
4. 這項專案最終結果如何？你的目標結果如何？你對結果有何想法？（結果）

**溫暖提醒**

　　運用STAR模型面試時，可以在最後的環節增加評估與改進的相關問題。例如：這個結果你是否滿意？還有哪些問題和不足？你為此做了哪些總結、評估或改進？改進之後得到什麼樣的結果？透過面試者的回答，可以判斷他的深層特質。

## ▶▶▶ 2. 建立組織能力三角架構，可以強化團隊戰力

🔒 問題場景

我發現有些團隊裡雖然都是精英，可是整體工作效率卻不高，這是為什麼？

因為不同團隊的組織能力不一樣。團隊也有能力大小之分。這種能力就叫組織能力。

組織能力大小和什麼有關？

團隊的工作效率除了與個體能力大小有關之外，還和個體的思維模式與組織協作方式有關。

難怪，就算成員全是精英，也不一定能提升組織能力。

沒錯，一昧追求個體的品質或數量，不是提升組織能力的有效方法。

問題拆解

　　即使團隊成員的個人能力普遍偏高，整體的組織能力也不一定強。組織能力和員工數量也沒有直接關係，員工數量多不代表組織能力強。相反地，如果員工之間的合作方式有問題，員工數量越多，組織能力反而會越差。

## 🔑 實用工具

### 工具介紹

**組織能力三角框架**

　　團隊不是憑藉某個員工的個人能力，也不是靠著員工的數量取勝，而是運用正確的策略和一定的組織能力。組織能力是一個團隊發揮出的整體戰力，是一個團隊能超越競爭對手、為客戶創造價值的核心競爭力。

　　組織能力主要體現在治理員工的方式、員工能力和員工的思維模式這3個方面。想要提升組織能力，管理者可以分別從這3個方面著手。

┤ 組織能力三角框架示意圖 ├

成功 ═ 戰略 ✖ 組織能力

**員工能不能做**
包括組織機構，責任、權利劃分、業務流程、資訊系統、溝通管道等方面。

**員工會不會做**
包括員工特質、人才儲備、能力培養、員工引進和保留等方面。

治理員工方式

組織能力

員工能力

員工思維模式

**員工願不願意做**
包括組織文化、環境、制度設計、正負激勵、價值觀等方面。

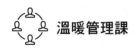 

 應用解析

┤ 強化組織能力的方法 ├

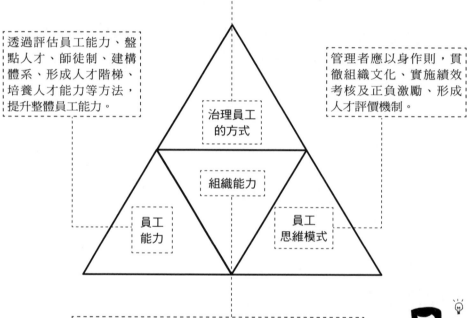

調整組織機構、優化流程、知識管理、精益生產管理、建構資訊系統等，打造治理員工的方式。

透過評估員工能力、盤點人才、師徒制、建構體系、形成人才階梯、培養人才能力等方法，提升整體員工能力。

管理者應以身作則，貫徹組織文化、實施績效考核及正負激勵、形成人才評價機制。

治理員工的方式

組織能力

員工能力

員工思維模式

組織能力遵循著木桶原理，木桶中最短的木板決定裝水的容量。相對地，組織中最弱的環節，決定組織能力的強弱。強化組織能力，應全面發展3個層面，而不是只關注某個單一面向。

溫暖提醒

強化組織能力較好的方式是「查漏補缺」，查找當前組織能力的薄弱環節，再針對該環節提出改進方案和行動措施。

## ▶▶▶ 3. 為何文弱的唐僧能帶領小團隊，完成艱難任務？

🔒 問題場景

問題拆解

很多人對帶團隊有誤解，以為要成為合格的團隊管理者，必須在某個業務領域做到精通，甚至覺得應該什麼都懂、什麼都會。實際上，團隊管理者和非管理者的工作分工不同、關注的重點不同、評價的方式也不同。因此，即使能力不足，仍然可以成為優秀管理者。

## 🔑 實用工具

### 工具介紹

**管理者需要重點關注的4大領域**

　　經理這個詞，常被用來當作團隊管理者的稱謂。經理的「經」是指經營，「理」是指管理。經理要懂得經營事、管理人。要經營事，就要針對事情設立目標和行動計畫；要管理人，就要關注人所處的環境和人的狀態。管理者不論工作再紛雜、每天再忙碌，都要做好管理工作，也就是必須關注目標、計畫、環境和人這4大領域的內容。

**┤ 團隊管理者需要重點關注的 4 大領域示意圖 ├**

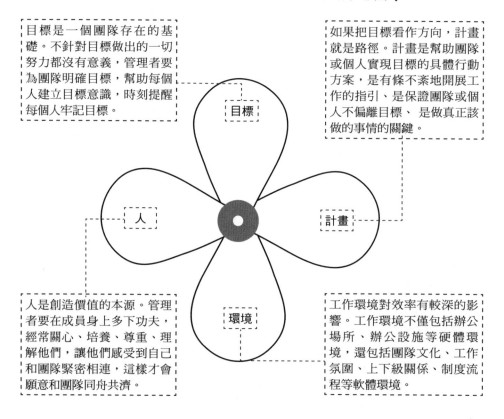

目標是一個團隊存在的基礎。不針對目標做出的一切努力都沒有意義，管理者要為團隊明確目標，幫助每個人建立目標意識，時刻提醒每個人牢記目標。

如果把目標看作方向，計畫就是路徑。計畫是幫助團隊或個人實現目標的具體行動方案，是有條不紊地開展工作的指引、是保證團隊或個人不偏離目標、 是做真正該做的事情的關鍵。

人是創造價值的本源。管理者要在成員身上多下功夫，經常關心、培養、尊重、理解他們，讓他們感受到自己和團隊緊密相連，這樣才會願意和團隊同舟共濟。

工作環境對效率有較深的影響。工作環境不僅包括辦公場所、辦公設施等硬體環境，還包括團隊文化、工作氛圍、上下級關係、制度流程等軟體環境。

目標

計畫

人

環境

## 應用解析

——————｜《西遊記》中的取經團隊為何如此穩固、強大？｜——————
為何武力最弱的唐僧能夠管理團隊？

**堅定且明確的目標**

唐僧身為團隊領導者，為團隊設定西天取經這項明確目標，而且描述美好未來。即使途中經歷許多磨難，唐僧也絲毫沒有動搖，讓他成為團隊的精神領袖。

**結合個人與團隊的目標**

取經團隊的成員除了唐僧以外都是戴罪之身，他們都因為曾犯錯，而受到懲罰。唐僧用取經讓他們戴罪立功。如果完成團隊目標，他們不僅可以達成自己的目標，甚至還能立功。

**團隊人才搭配合理**

取經團隊並非全是能人，而是存在各類屬性的人才。透過人才的合理搭配，實現德者領導團隊、能者攻克難關、智者出謀劃策、勞者執行有力。

**以權制人、以法服人**

實現團隊目標必須有規矩，緊箍咒就是一種規矩。唐僧用緊箍咒替自己樹立權威，讓孫悟空臣服。但唐僧不隨便濫用權力，他只在大是大非面前，才動用自己的懲罰權。

**以情感人、以德化人**

團隊管理者對部屬的感情投資非常重要。孫悟空最初並不尊重唐僧，覺得唐僧肉眼凡胎、不識好歹，但在經歷艱險之後，唐僧的執著、善良、品德和對孫悟空的關心感化了他，讓他願意一心一意保護唐僧。

### 溫暖提醒

　　《西遊記》的取經團隊是一個小團隊的縮影。團隊中，每個人既有優點又有缺點，每個人都有自己的性格、訴求、想法。論武力，唐僧是最弱的，別說是妖怪，他連普通的壞人也打不過。但不得不承認，唐僧領導的這支取經團隊有很強的凝聚力和戰鬥力。一群不完美的人聚在一起，透過有效的管理，便能建立一支優秀團隊。

# 如何凝聚團隊向心力？
# 溫暖溝通術最有效

# 本章背景

我總是覺得自己和部屬的溝通有問題。

具體上有什麼表現呢？

很多……例如：部屬不喜歡我、不願意和我交心、總是躲著我……

聽起來真的有問題……

我該怎麼辦？

我們一起探討如何有效溝通吧。

# 2-1
# 悉心傾聽看似沒做什麼，
# 卻能溫暖人心

　　溝通是雙向的，除了表達之外，另一個關鍵字是傾聽。溝通中的許多誤解起因於不懂得傾聽。懂得傾聽的人，可能看似什麼也沒做，卻讓對方感覺自己被理解，能溫暖人心。不懂得傾聽的人，即使內心善良，真心想幫助別人，也很難讓對方買單。

# ▶▶▶ 1. 傾聽不只打開耳朵，還要尋找資訊與重複事實

🔒 問題場景

進行有效溝通應該先從哪方面開始？

首先要學會傾聽。

不僅要聽，在聽的過程中還要多多觀察，耐心等部屬把話說完，完全了解他表達的意思之後，再表達自己的看法。

傾聽？這個誰不會？

只要微笑地看著部屬，什麼都不用說就可以了嗎？還是有什麼方法？

傾聽絕對不是什麼都不做，或是單純地聽就好，它是有方法的。除了多聽少說之外，還有兩個關鍵字——尋找資訊和重複事實。

問題拆解

　　每個人都有表達和被了解的欲望，而一個會傾聽的聽眾，能讓這種欲望得到滿足。懂得傾聽的人，能讓別人舒暢地吐露內心的話；不懂得傾聽的人，不會被人們選擇為再次溝通的對象。想像一下，對著一個冰冷的雕像傾訴心聲，心情會好嗎？對著一塊木頭吐露情感，心靈會得到安慰嗎？

🔑 實用工具

工具介紹

**傾聽的技巧**

　　很多人只知道在傾聽中「聽比說更重要」，但如何有效傾聽呢？得講究方法和技巧。有效傾聽的2個關鍵就是尋找資訊和重複事實。

　　透過部屬的語調、表情神態、情緒等細節，管理者可以找到部屬想傳達的關鍵資訊。有時為了避免主觀價值判斷，防止部屬沒有表達完整資訊，可以重複他所說的關鍵資訊。這裡的重複不是像鸚鵡一樣，重複每一句話，而是表達和總結自己聽到的核心資訊，然後核對是否有誤。例如說：「不知道我有沒有聽錯，你剛才是說○○○○嗎」。

── 傾聽中尋找資訊的 4 個關鍵 ──

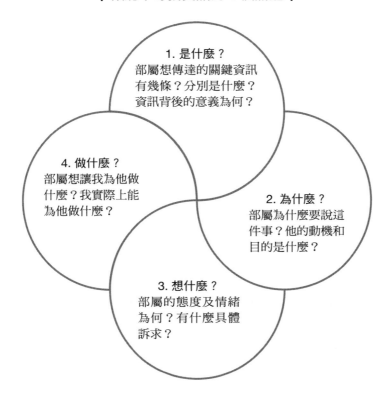

1. 是什麼？
部屬想傳達的關鍵資訊有幾條？分別是什麼？資訊背後的意義為何？

4. 做什麼？
部屬想讓我為他做什麼？我實際上能為他做什麼？

2. 為什麼？
部屬為什麼要說這件事？他的動機和目的是什麼？

3. 想什麼？
部屬的態度及情緒為何？有什麼具體訴求？

##  應用解析

─────┤ 無效傾聽常見的 9 種表現 ├─────

沒聽完就急於發表意見

還沒聽完就產生個人情
緒,例如生對方的氣

使用情緒化言辭
回應對方

缺乏耐心,急於下結論

注意力不集中

對方還沒說完,
自己先下結論

沒聽明白的地方,
不要求對方說明

神情茫然、姿態僵硬

只聽表象,
不思考背後的情感

### 溫暖提醒

　　傾聽的最大敵人是想要說話的衝動。傾聽時,不論對方的觀點多麼荒謬、可笑、無聊,都不要急於表達自己的觀點,而是把注意力放在對方身上,釐清對方想傳達的資訊及情緒後再發表。有時為了充分理解對方,可以客觀總結對方的話,並重複與對方確認。這時即使不認同對方觀點,也不要馬上做出主觀的價值判斷,更不要加工對方的話。

## ▶▶▶ 2. 聽不懂部屬想傳達什麼？先耐心引導他繼續說

### 🔒 問題場景

遇到表達能力差、説不清楚問題的部屬，我該怎麼辦呢？

不是每個部屬都是溝通達人，遇到表達有問題的部屬，可以耐心引導他。

遇到這種情況，有什麼技巧可以幫助我和他溝通？

其實有兩個技巧，一是表達認同，二是引導回饋。

表達認同是對於主動表達這件事給予認同，鼓勵部屬繼續表達；引導回饋是運用回饋的方式，引導部屬表達。這個過程中還能培養他的表達能力。

它們分別是什麼意思？

### 問題拆解

　　管理者和部屬溝通時，難免會遇到較害羞的部屬，這類部屬在反映問題時，想說卻不好意思說。管理者也可能會遇到表達能力較差、說話抓不到重點的部屬。這時，著急、埋怨、責怪反而會讓部屬的表達更加混亂。在這種情況下，管理者不能亂了陣腳，而要耐心引導和培養部屬。

## 🔑 實用工具

### 工具介紹

**回饋**

　　溝通中，對方的回饋非常重要，因為人們說話時，總會期望得到某種回饋。有了對方的回饋，人們才能感受到自己被尊重、被重視，才會覺得有存在感。

　　管理者想激發部屬的表達欲望，可以表現出你的專注、認同、關心和在意。這時可以用有聲或無聲的方式回饋部屬，例如用「然後呢」、「接下來呢」、「你認為呢」、「比如說」等語言，引導他繼續表達或引發思考。與不善表達的部屬溝通時，運用這種方法尤其有效。

── 溝通中常見的 6 種回饋類型 ──

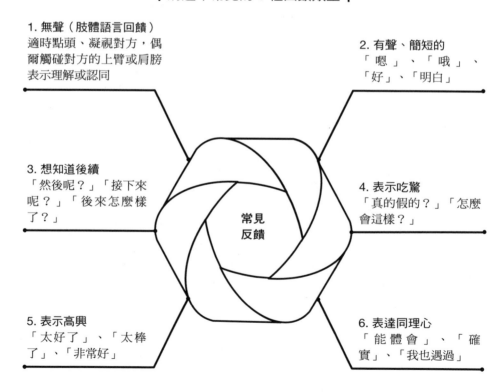

1. 無聲（肢體語言回饋）
適時點頭、凝視對方，偶爾觸碰對方的上臂或肩膀表示理解或認同

2. 有聲、簡短的
「嗯」、「哦」、「好」、「明白」

3. 想知道後續
「然後呢？」「接下來呢？」「後來怎麼樣了？」

4. 表示吃驚
「真的假的？」「怎麼會這樣？」

5. 表示高興
「太好了」、「太棒了」、「非常好」

6. 表達同理心
「能體會」、「確實」、「我也遇過」

常見反饋

應用解析

─────┤ 引導回饋的應用案例 ├─────

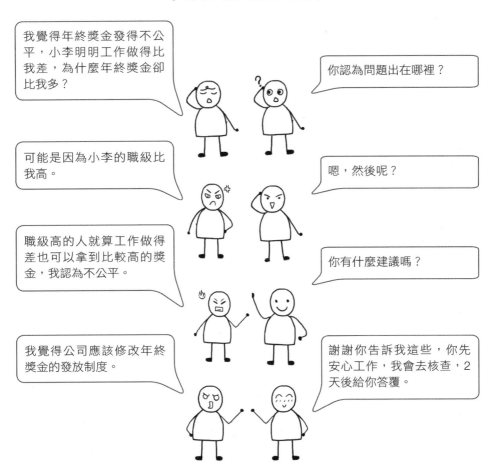

我覺得年終獎金發得不公平，小李明明工作做得比我差，為什麼年終獎金卻比我多？

你認為問題出在哪裡？

可能是因為小李的職級比我高。

嗯，然後呢？

職級高的人就算工作做得差也可以拿到比較高的獎金，我認為不公平。

你有什麼建議嗎？

我覺得公司應該修改年終獎金的發放制度。

謝謝你告訴我這些，你先安心工作，我會去核查，2天後給你答覆。

溫暖提醒

在傾聽部屬的過程中，管理者為了激發部屬的表達欲望，可以不時給予回饋，引導他繼續表達，把內心想法都說出來，而且在對話的最後要對部屬表達認同。值得注意的是，回饋時不要輕易說「我理解你」或「我明白」這類表達理解的話，否則對方會認為你只是隨便應付。

## ▶▶▶ 3. 心比耳朵更會聽，你應當讓對方感受到尊重

🔒 問題場景

我常常沒等部屬說完就插嘴，覺得已經知道他們要說什麼了，後來發現自己並不知道⋯⋯

這是主觀價值判斷的表現，人們很容易用自己的價值觀和認知去判斷別人。

這種情況有沒有好方法能夠解決？

可以在傾聽的時候傳達共感。共感就是感同身受，站在對方的立場，體會對方的感覺。

無論我們用什麼樣的方法傾聽，核心意義都是真誠與用心，而不是敷衍了事。

這個我真的必須練習。

問題拆解

　　管理者傾聽部屬的表達時，容易下意識說：「你說得不對，這件事應該⋯⋯」或「你理解錯了，是⋯⋯」。同一件事，一百個人有一百種理解方式。人們的理解不同，是因為知識、思維模式和所處角度不同，有時沒有絕對的對錯。人在某個場景下做出的判斷和選擇，會呈現一定的相似性，若離開那個場景來探討、判斷和選擇，便會難以理解。

## 🔑 實用工具

### 工具介紹

**傳達共感、用心傾聽**

　　如果管理者用心傾聽部屬說的話，會自然表露出對部屬的尊重，而部屬也會感受得到。另外，如果部屬傳達的內容較多，管理者應該認真記錄，畢竟好記性比不過爛筆頭。這樣既能防止資訊遺漏，又可以提醒自己，還能表現對部屬的尊重。

　　既然要用心傾聽，管理者就要站在部屬的立場，體會他的感覺。若認同部屬說的話，可以表達認同；若不認同，也要尊重部屬，等他表達完之後，再提出自己的想法，例如：「我感覺這件事有點……」。即使部屬最後表達的內容毫無用處，為了表示尊重，也可以說：「感謝你對我的信任，願意和我分享你的想法。」

―――――――――┤ 用心傾聽的 4 步驟 ├―――――――――

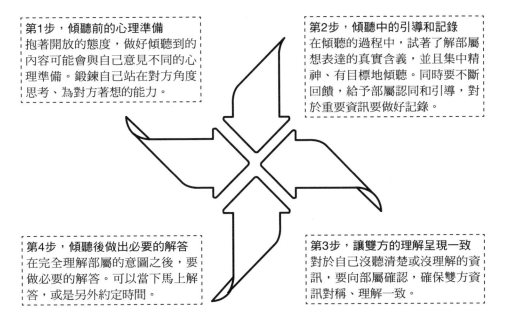

第1步，傾聽前的心理準備
抱著開放的態度，做好傾聽到的內容可能會與自己意見不同的心理準備。鍛鍊自己站在對方角度思考、為對方著想的能力。

第2步，傾聽中的引導和記錄
在傾聽的過程中，試著了解部屬想表達的真實含義，並且集中精神、有目標地傾聽。同時要不斷回饋，給予部屬認同和引導，對於重要資訊要做好記錄。

第4步，傾聽後做出必要的解答
在完全理解部屬的意圖之後，要做必要的解答。可以當下馬上解答，或是另外約定時間。

第3步，讓雙方的理解呈現一致
對於自己沒聽清楚或沒理解的資訊，要向部屬確認，確保雙方資訊對稱、理解一致。

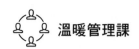

應用解析

┤ 用心傾聽的 9 個注意事項 ├

不打斷對方

不急於
下結論

關注內容
而非說話者

從對方角
度思考

多鼓勵
多引導

不帶有情緒

避免情
緒化語言

實施必要
的提問

不清楚
的資訊
要詢問

溫暖提醒

　　有效傾聽要做到清楚、完整和理解，這不僅需要管理者在傾聽時
用耳朵，還要用眼、用腦、用心。

# 2-2

# 想和部屬好好溝通，
# 要在形式與資訊下功夫

溝通的本質是交換資訊。在一定的時間內，資訊交流得越全面，溝通的效率越高。因此，管理者在與部屬溝通時，不僅要設法讓資訊在單次溝通時充分地流通，還要藉由各種形式和部屬保持資訊通暢。

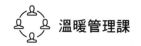 

## ▶▶▶ 1. 除了面談，還實施走動式管理去看、聽、查、追

🔒 問題場景

和部屬溝通有哪些方式？

你現在都怎麼和部屬溝通呢？

我會把部屬叫進辦公室，聊完再讓他離開。

那樣更像是分配或交代工作⋯⋯

我也想豐富自己和部屬的溝通方式⋯⋯

想要達到良好的效果，我推薦使用非正式溝通。

什麼叫非正式溝通？

就是不要總是把部屬叫進辦公室，而是在較不正式的場所溝通。有一種非正式溝通叫作走動式管理，你可以試試看。

問題拆解

　　許多管理者和部屬溝通時太過正式，常常把部屬叫進辦公室，甚至讓部屬站著，自己卻坐著。這種溝通形式純粹用來分配或交代工作是沒問題的，但不太適合溝通更多樣的資訊。管理者應該建立更多元的溝通方式，多採用非正式溝通的形式。

## 🔑 實用工具

### 工具介紹

**走動式管理的運用方法**

經常在部屬身邊走動，主動了解部屬的工作和非工作情況，並給予一定的鼓勵。管理者可充分運用走動的時間，用心傾聽部屬心聲。

┤ 實施走動式管理的 4 個要素 ├

| | |
|---|---|
| 發現部屬工作或非工作中的各類狀況，找到事情的真相。 | 看 |
| 放下架子，少說多聽，全面了解情況，找出問題的真實原因。 | 問 |
| 主動查找問題點，也可檢查你布置的工作，確保工作有被落實。 | 查 |
| 要持續追蹤你發現的問題並及時處理，而不是堆積問題。 | 追 |

┤ 實施走動式管理的 5 個注意事項 ├

| 無需頻繁走動 | 走動前帶著問題，走動後帶回方案 | 塑造講真話的團隊氛圍 | 了解部屬意見、聽取部屬建議 | 聽比說更重要、問比答更重要 |
|---|---|---|---|---|

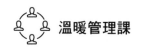 應用解析

──┤ 非正式溝通可以採取的形式 ├──

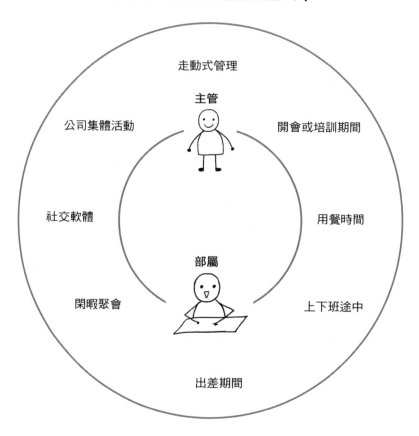

温暖提醒

　　上下級之間的非正式溝通有很多方式，除了走動式管理之外，在電梯、餐廳、上下班偶然遇見時，都可以進行非正式溝通。但要注意，進行非正式溝通時，要體現出平等與尊重。如果想和部屬交心，在溝通過程中，最好雙方並排坐或並排站，也可以讓部屬坐著、管理者站著，但絕對不要讓部屬站著、管理者坐著。

## ▶▶▶ 2. 為了增進工作默契與效率，可以應用喬哈里視窗 與……

### 🔒 問題場景

我和部屬之間可以就哪些方面做深入溝通？

可參考「喬哈里視窗」，把資訊分成4個區域，幫助我們分類資訊，提升溝通效果。

怎麼使用呢？

多詢問部屬關於自己的資訊來縮小盲區，並以開放的心態和部屬交流，減少隱私區，讓自己的開放區越來越大。

這麼做有什麼好處？

當管理者的開放區變大，部屬和管理者之間的資訊會更透明，雙方會更有默契，可以降低溝通成本，工作效率也會提高。

### 問題拆解

　　每個人都有開放給別人的一面，也有想隱藏的一面。如果管理者隱藏的資訊太多，會被部屬認為是內心封閉或神秘的人，反而降低部屬對管理者的信任度，產生防禦心理。管理者保持開放的心態，就能透過部屬了解自己不懂的資訊，進而完善自己。

## 🔑 實用工具

### 工具介紹

**喬哈里視窗（Johari Window）**

　　喬哈里視窗也稱作溝通視窗，是由心理學家喬瑟夫・魯夫特（Joseph Luft）和哈里・英格漢（Harry Ingham）在1955年提出，它把人際溝通的資訊比喻為一扇窗，並分成4個區域。

　　**1. 開放區**：自己知道、別人也知道的資訊，例如：姓名、年齡等。

　　**2. 盲區**：自己不知道、但別人知道的資訊，例如：性格弱點、壞習慣、他人評價等。

　　**3. 隱私區**：自己知道、但別人不知道的資訊，例如：不想讓他人知道的經歷、祕密等。

　　**4. 黑洞區**：自己不知道、別人也不知道的資訊，例如：某種潛能、隱藏疾病等。

────┤ 喬哈里視窗的應用 ├────

| | 自己知道 | 自己不知道 |
|---|---|---|
| **別人知道** | **開放區**<br>管理者的開放區越大，與部屬的溝通越順暢，越能獲得部屬信任，默契也會越好。所以，要充分交換資訊，不斷擴大自己的開放區。 | **盲區**<br>管理者想要和部屬有效溝通、拉近距離，可以多詢問對方關於自己的資訊，進而縮小認知盲區，改善不好的行為習慣。 |
| **別人不知道** | **隱私區**<br>為了擴大開放區，應該以開放的心態和部屬交流。當隱私區越來越小時，開放區會越來越大。 | **黑洞區**<br>透過主動詢問部屬、進行自我發現，可以不斷了解自己。一段時間之後，黑洞區會越來越小。 |

　想要部屬敞開心靈之窗，就要先開放自己的隱私區，留意他的問話、觀察他的情況、多聊聊生活細節，表現出你的關心。

### 應用解析

┤ 團隊中溝通網路的形態 ├

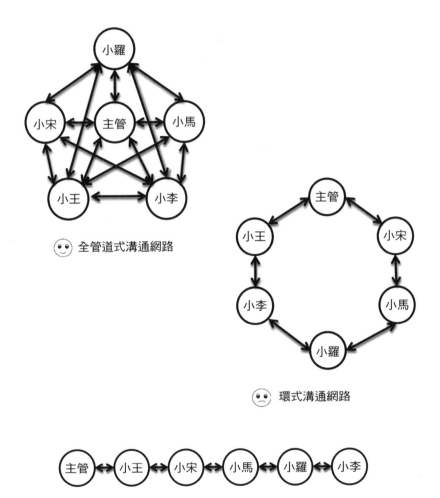

😊 全管道式溝通網路

😞 環式溝通網路

😞 鏈式溝通網路

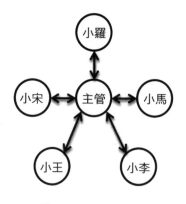

☹ 輪式溝通網路

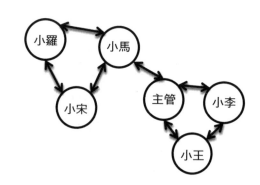

☹ 群組式溝通網路

### 溫暖提醒

　　團隊中較健康的溝通網路，是上下級互相保持通暢的全管道式溝通網路，其他類型則存在不同程度的問題。資訊不通暢會使內部產生問題，而引起不必要的管理內耗。

## ▶▶▶ 3. 怎樣表達認同或不認同？拿捏尺度有訣竅

🔒 問題場景

有些部屬真奇怪，我對他表達認同時無動於衷。我表達不認同時，情緒反倒很強烈。

你都怎麼表達認同？

我大概是說「哦」、「嗯」、「好」之類的話。

其實，你可以用較強烈的表達方式來強調。那麼，你是怎麼對部屬表達不認同呢？

直接說「不對」、「你錯了」等等。

你表達不認同的時候反倒很強烈呢。表達不認同最好用緩和的表達方式。

問題拆解

團隊中確實存在一些較不優秀的部屬，他們對於管理者的認同無動於衷，但管理者只要稍有不認同，他就情緒激動。可是多數情況下，問題主要還是出在管理者身上，因為沒有適當地表達對部屬的認同和不認同，會讓部屬的情緒錯位。同樣地，團隊中如果出現其他溝通問題，管理者也應該先從自己身上找原因。

## 🔑 實用工具

### 工具介紹

**表達認同和不認同的話術**

團隊管理者如果認同部屬的意見，應該用強烈、肯定的表達方式，比方說：「非常正確」、「這個很好」、「我十分同意」等。表達的同時還可以搭配肢體語言，例如：微笑、點頭、拍肩膀。

如果不認同部屬的意見，可以使用緩和、委婉的表達方式，例如：「我沒那麼想過」、「這個對嗎」、「我們一起探討」等。

---

**┤ 比較認同與不認同的表達方式 ├**

|  | 表達認同 | 表達不認同 |
|---|---|---|
| 不好的表達 | 哦<br>嗯<br>好<br>知道了 | 不對<br>你錯了<br>不可能<br>胡說<br>怎麼會 |
| 好的表達 | 非常對<br>這個很好<br>我十分同意<br>我很能理解<br>確實是那樣 | 你提的方案很獨特<br>我之前沒想過你這個提案<br>不然，我們一起討論這個提案<br>我覺得有一些問題，例如<br>○○○，你覺得呢？ |

如果表達認同時輕描淡寫，部屬會沒有感覺，可能因此打擊他的積極性；如果表達不認同時太過傷人，部屬會很難接受，甚至產生矛盾。

## 應用解析

### 表達認同和不認同的典型場景

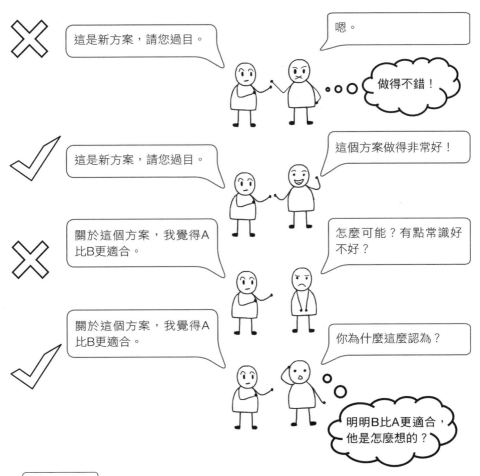

**溫暖提醒**

　　管理者不願意充分表達對部屬的認同，可能是害怕部屬驕傲自滿，也可能認為部屬做得不夠好。其實，可以把這種認同當作鼓勵，讓部屬產生想做得更好的動力。管理者在表達不認同時出問題，可能是認為自己比部屬更有經驗、更知道該怎麼做。但實際上，部屬掌握的資訊有時比管理者還多，所以管理者可以虛心一點。

# 2-3

# 當部屬負面情緒爆棚，
# 聰明主管都這樣做

抒發情緒有時是人們表達內心的方式，有時則是人們的能量來源。部屬偶爾表達負面情緒，不一定是壞事，團隊管理者不必刻意壓抑部屬的情緒表達，而是在他們表達情緒後，給予必要的安撫。

## ▶▶▶ 1. 道歉並非開口就好，符合五環花要素才有效！

### 🔒 問題場景

我和部屬在某個問題上意見不合而吵架。我當時罵了他。後來，我們之間有了隔閡，好幾次主動找他談話，他都只是簡短應答，情緒很低落。我該如何消除這道隔閡？

你有向他道歉嗎？

道歉和權威之間有什麼關係？

道歉？怎麼可能！道歉之後我的權威何在？

我曾經上過一位管理大師的課，他說管理者永遠不能道歉，即使自己做錯也不能承認，才能展示權威。

那位大師害人不淺啊。對錯分明容易樹立威信，即使你認為工作內容本身不需要道歉，至少應該就自己的態度道歉。

### 問題拆解

樹立管理者的權威，絕不能靠「死不承認」、「黑的說成白的」這種不道歉、厚臉皮的方法。相反地，尊重事實、收得起面子、放得下架子、拉得下臉的人，更值得尊敬。

🔑 **實用工具**

**工具介紹**

**道歉**

　　當管理者誤解部屬或對部屬做出過份行為時，應該表達歉意。有些人愛面子，不願意道歉，可能是覺得難為情，也可能擔心對方不接受自己的道歉。但是這麼做，雙方感情上產生的裂痕便難以修復。

　　有效的道歉能夠撫平對方受傷的心、修復雙方破裂的關係、治癒他人心理上的創傷，同時也能挽回自己的自尊。錯誤要勇敢承認、道歉要誠心誠意，尊重客觀事實。道歉如果做不好，可能會起到反效果，反而加深對方的反感。

──────┤ 2 種錯誤的道歉方式 ├──────

「我對於那天的事感到很抱歉，不過這件事其實也沒有那麼糟，只不過是……」

「那天的事真的很對不起你，不過我也不想發生這種事，都是因為……」

試圖淡化錯誤、弱化錯誤帶來的影響、想要大而化小

試圖推卸責任、把責任推給外界、把自己變成受害者

 應用解析

┤ 向部屬道歉時，利用五環花很有效 ├

要明確自己的責任，並勇於承擔，表明期望得到諒解。道歉時不能對問題和責任輕描淡寫，也不需要低聲下氣或攬下所有事，保持客觀、平和地描述問題即可。

態度要誠懇，否則會適得其反。要放下架子、拋開面子。不能嘴上在道歉，心裡卻不服。

要選擇適當的時間和地點，有時等情緒平復後再道歉會更好。另外，可選擇在非正式溝通時道歉，若選擇在工作場合，則公開道歉效果會更好。

- 態度誠懇
- 承擔責任
- 道歉
- 選好時間、地點
- 做出解釋
- 給予補償

道歉不是說句對不起就好，還要做出解釋，尤其是針對工作的道歉。這裡的解釋不是辯解，而是說清楚當時的情況和想法，這樣才能增強團隊默契，防止類似情況再次發生。

道歉除了要說對不起和爭取部屬的原諒之外，最好給部屬一點補償。這裡的補償可以是一杯咖啡、一頓午飯或是一份小禮物，這麼做能讓部屬在心靈上得到一點安慰。

**溫暖提醒**

　　道歉是個技術，尤其是向部屬道歉更不簡單。管理者道歉時除了要突破心理障礙之外，還要遵循一定的原則和方法。當道歉能夠滿足五環花的所有要素時，這個道歉通常是有效的。如果不講究方法，只是生硬地道歉，很可能使雙方陷入尷尬的窘境。

## ▶▶▶ 2. 抱怨是人之常情，用4步驟將負能量轉為解決方案

### 🔒 問題場景

我有時會聽到部屬不斷抱怨，包含工作、環境、人生等等。該怎麼做才能讓部屬不要抱怨，安心工作呢？

抱怨是正常的，關鍵是部屬在抱怨什麼？抱怨人數有多少？以及我們需要做什麼？

以後聽到部屬抱怨時，是不是要順著他們的話和他們聊天？這樣才能顯得我站在他那邊？

當然不行。管理者要有一定的高度，我們的精力應該放在從部屬的抱怨中，思考公司是否存在改善的空間。

的確，跟著部屬一起抱怨有點不像話。

幫助員工抒發情緒可以找到公司存在的問題，我們可以提供表達的管道，否則有事藏在心裡不說，時間久了會出問題。

### 問題拆解

　　再好的團隊也難免會有抱怨的聲音。若部屬只是偶爾抱怨，而且問題分散、隨機，只是為了抒發負面情緒，就不必花時間和精力改變這種狀況。若部屬頻繁抱怨、指向性強，那麼可以先詳細了解問題，再採取措施。有時，部屬會根據心情抱怨，管理者可以理解並包容，偶爾甚至可以認同他們，但如果跟著他們一起抱怨會顯得不大氣。

## 🔑 實用工具

### 工具介紹

**對待部屬抱怨的4步驟**

　　部屬抱怨可能有兩種原因：一是高層設計的原則有問題，這種原則是集體決策，雖然可以協商，但較難改變，例如：公司制度、出勤時間等，這時管理者可以開導、安慰部屬；二是日常工作有問題，這種問題較容易改變，例如：某個方案的做法、員工餐的品質等，這時管理者可以視情況做調整。管理者也可以把部屬的抱怨和建議結合，引導他由抒發不滿，轉向幫助團隊發現問題、分析問題和提出解決方案。

**┤ 對待部屬抱怨的 4 步驟 ├**

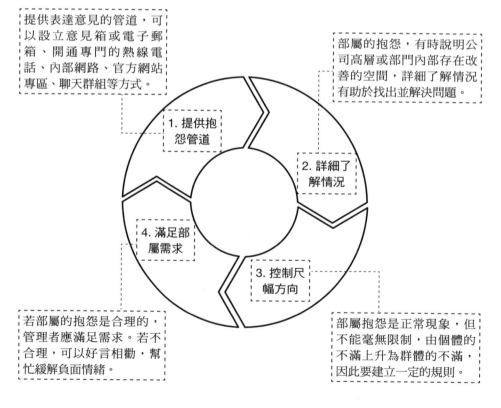

提供表達意見的管道，可以設立意見箱或電子郵箱、開通專門的熱線電話、內部網路、官方網站專區、聊天群組等方式。

部屬的抱怨，有時說明公司高層或部門內部存在改善的空間，詳細了解情況有助於找出並解決問題。

1. 提供抱怨管道

2. 詳細了解情況

4. 滿足部屬需求

3. 控制尺幅方向

若部屬的抱怨是合理的，管理者應滿足需求。若不合理，可以好言相勸，幫忙緩解負面情緒。

部屬抱怨是正常現象，但不能毫無限制，由個體的不滿上升為群體的不滿，因此要建立一定的規則。

💡 應用解析

── | 團隊中，不同類型的人員比例分布 | ──

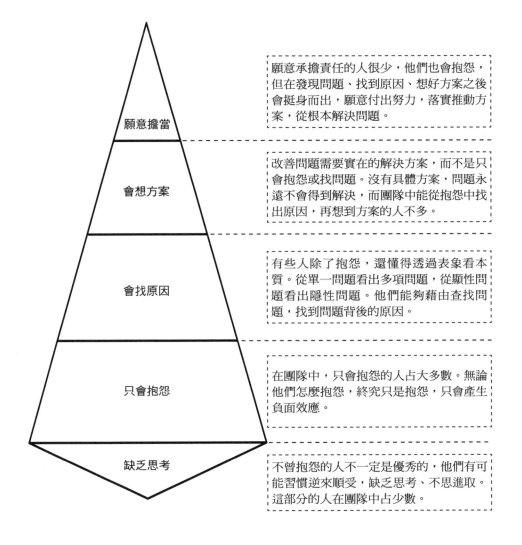

願意擔當

願意承擔責任的人很少，他們也會抱怨，但在發現問題、找到原因、想好方案之後會挺身而出，願意付出努力，落實推動方案，從根本解決問題。

會想方案

改善問題需要實在的解決方案，而不是只會抱怨或找問題。沒有具體方案，問題永遠不會得到解決，而團隊中能從抱怨中找出原因，再想到方案的人不多。

會找原因

有些人除了抱怨，還懂得透過表象看本質。從單一問題看出多項問題，從顯性問題看出隱性問題。他們能夠藉由查找問題，找到問題背後的原因。

只會抱怨

在團隊中，只會抱怨的人占大多數。無論他們怎麼抱怨，終究只是抱怨，只會產生負面效應。

缺乏思考

不曾抱怨的人不一定是優秀的，他們有可能習慣逆來順受，缺乏思考、不思進取。這部分的人在團隊中占少數。

**溫暖提醒**

　　網路上流傳著這樣一個故事：

　　總經理問全體員工：「誰能說說公司目前存在什麼問題？」100多人爭先恐後舉手。

　　總經理再問：「誰能說說這些問題背後的原因？」有超過一半的人把手放下來。

　　總經理接著又問：「誰能告訴我解決方案？」這時候，只剩不到20人舉手。

　　總經理再問：「那麼，有誰想動手試一下？」結果只剩下5個人。

　　總經理最後問：「誰願意出面負責解決這些問題？」所有人都把手放下了。

　　這則故事雖然簡短，卻很真實地說明一個道理：在一個組織中，罵者眾，思者少，獻計者寡，執行者寥寥，擔當者無幾。

## ▶▶▶ 3. 員工不適應工作變化？主管需要做好2件事

🔒 問題場景

現在公司整體在整頓，我也想做點調整，可是部屬不但不支持，反而產生抵觸情緒，該怎麼辦？

我建議先檢查推行的變化有沒有問題？是否做好計畫？有沒有過於強勢？推行過程中有沒有讓部屬參與？

你的意思是我推行變化的方式可能不對嗎？

有可能，因為沒人喜歡被命令，在不溝通的情況下強行變化部門工作，部屬對此有抵觸是可以理解的。

但很多變化是公司決定的，並不是我想這麼做。

因此才需要和部屬說清楚。你知道的部屬未必知道，即使他們知道也未必理解。這需要你和他們充分溝通，幫助他們理解變化的原因。

如果我把知道的全部告訴部屬，部屬還是不理解怎麼辦？

這種溝通並非妥協，而是資訊通暢，期望求同存異，徵求理解。如果真心誠意把話說到，部屬還是不理解，可以採取「胡蘿蔔+大棒」的方法，剛柔並濟。

問題拆解

部屬抵制工作變化的原因通常有以下3個：

1. 管理者認為部屬的思維、認知、敬業程度能夠接受變化。

2. 管理者只想發號施令，認為命令可以推動變化。

3. 事前沒充分準備、徵求部屬意見，而且變化頻繁，說改就改。

## 🔑 實用工具

### 工具介紹

**平穩實施工作變化的方法**

有些變化是公司層面的，有些變化是團隊層面的。針對公司層面的變化，管理者應盡可能告知部屬公司做出變化的原因和背景，增加他們對變化的接受程度。針對團隊層面的變化，則應盡可能提前告知部屬並詢問部屬意見，讓他充分參與其中。

――――――――――┨ 實施工作變化的 5 步驟 ┠――――――――――

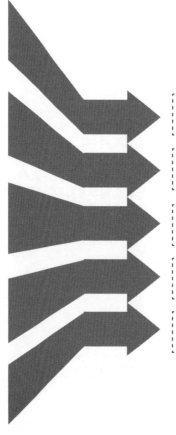

1. 若是團隊層面的變化，管理者在制訂計畫之前，要讓部屬充分參與。應充分考慮部屬提出的意見。

2. 檢查關於變化的決策是否必要。若是公司層面的變化，堅決執行；若是團隊層面的變化，謹慎執行。

3. 明確變化的目標、預計變化的範圍、提前做好計畫。在推行計畫的過程中，管理者要幫助部屬解決困難。

4. 在變化的過程中，密切追蹤部屬的情緒和績效變化，並且不斷提供支援，總結變化的經驗。

5. 藉由追蹤，及時發現問題，並做出改善和調整，找到解決方法和措施。

 應用解析

├── 實施工作變化的 6 方溝通 ──┤

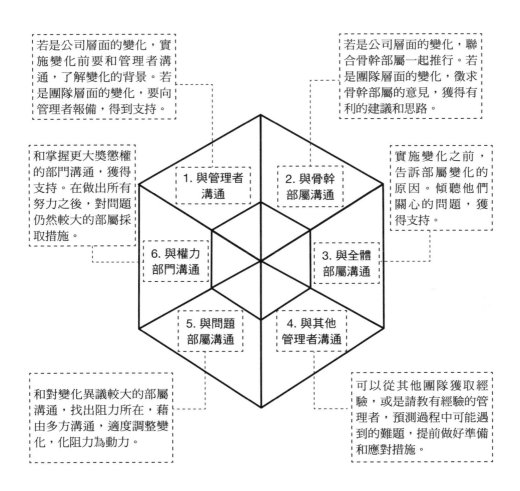

若是公司層面的變化，實施變化前要和管理者溝通，了解變化的背景。若是團隊層面的變化，要向管理者報備，得到支持。

若是公司層面的變化，聯合骨幹部屬一起推行。若是團隊層面的變化，徵求骨幹部屬的意見，獲得有利的建議和思路。

和掌握更大獎懲權的部門溝通，獲得支持。在做出所有努力之後，對問題仍然較大的部屬採取措施。

實施變化之前，告訴部屬變化的原因。傾聽他們關心的問題，獲得支持。

和對變化異議較大的部屬溝通，找出阻力所在，藉由多方溝通，適度調整變化，化阻力為動力。

可以從其他團隊獲取經驗，或是請教有經驗的管理者，預測過程中可能遇到的難題，提前做好準備和應對措施。

1. 與管理者溝通

2. 與骨幹部屬溝通

6. 與權力部門溝通

3. 與全體部屬溝通

5. 與問題部屬溝通

4. 與其他管理者溝通

**溫暖提醒**

　　想有效推行變化，應當注意以下內容：

　　**1. 運用各方資源**：可以利用組織文化，假如組織文化的基礎是儒家思想，便可將變化連結儒家精髓，或是借助其他力量，例如獲得人緣好的部屬支持。

　　**2. 創造交流空間**：部屬傾向於執行自己有參與討論並認同的決策，因此要多為部屬創造參與的機會。

　　**3. 關懷部屬**：包括物質和精神上的關懷，讓部屬感受到組織帶來的溫暖。

### ▶▶▶ 筆記

# 第 3 章

# 你懂得恩威並施，
# 部屬就會樂意拚績效！

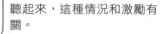

本章背景

我感覺部屬工作沒活力，而且也沒什麼動力。

聽起來，這種情況和激勵有關。

會不會是嫌薪水太低？

薪水對員工的激勵是一時的，不會長期影響他們的行為。

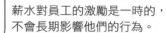

我們分別從表揚、批評和賞罰，來探討如何激勵團隊吧。

那該怎麼辦？

# 3-1

# 為何薪水高、福利好，
# 部屬還是懶洋洋？

　　正確的激勵方式能夠使人們產生動機，進而引發某種行為。
團隊管理者想要讓部屬達成更高的業績、發揮更大的潛能，必須學
會激勵部屬，引導部屬持續對團隊貢獻力量。

 溫暖管理課

## ▶▶▶ 1. 依靠加薪激發員工動力？不如多提供激勵因素

🔒 問題場景

> 替部屬加薪不能提高他們對工作的積極程度嗎？

> 若部屬的薪水比外部低，那麼加薪在短時間內是有效的。相反地，則效果就不顯著。

> 為什麼？人們工作不就是為了拿薪水嗎？

> 薪水是保健因素。薪水低等於不健康，但薪水高不代表更健康。我建議多提供激勵因素。

> 是的，保健因素多，部屬不一定有動力，但激勵因素越多，部屬越有動力。

> 聽起來比起保健因素，激勵因素更像一台發動機。

[問題拆解]

　　傳統觀點認為，人們上班是為了賺錢。雖然不能說這個觀點是錯誤的，很多人上班確實主要是為了獲得經濟回報。但是，若把這個觀點延伸為「激勵部屬就是不斷提供經濟回報，給的回報越多，幹勁越大」，則是錯的。經濟回報能在短時間內發揮一定的激勵效果，但無法提供長久且有效的激勵。

## 🔑 實用工具

### 工具介紹

**激勵保健理論（Motivation-Hygiene Theory）**

　　激勵保健理論也稱作雙因素理論（Two-factor theory），最早是由美國心理學家弗雷瑞克・赫茲伯格（Frederick Herzberg）在1950年代提出，它的核心含義是：組織為員工提供的各種回報並非都具有激勵性，而是分為兩種，一種叫保健因素（Hygiene factors），不具有激勵性；一種叫激勵因素（Motivational factors），具有激勵性。

　　當**保健因素**沒有得到滿足時，人們會不滿意；當這些因素得到滿足後，人們的不滿意感會消失，卻沒有達到覺得滿意的程度。當**激勵因素**沒有得到滿足時，人們不會滿意，但也不會不滿意；當這些因素得到滿足時，人們會感到滿意。這個理論說明，能有效產生激勵作用的是激勵因素，而非保健因素。

┤ 保健因素和激勵因素的內容 ├

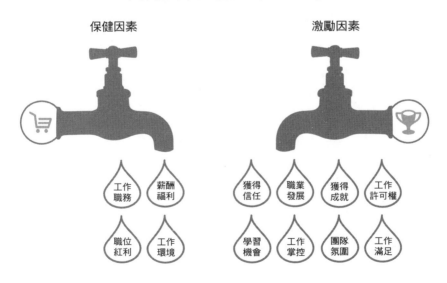

保健因素　　　　　　　　　　激勵因素

保健因素：工作職務、薪酬福利、職位紅利、工作環境

激勵因素：獲得信任、職業發展、獲得成就、工作許可權、學習機會、工作掌控、團隊氛圍、工作滿足

## 應用解析

┤ P 公司和 H 公司對於激勵理念的差異 ├

2010年，有兩家提供高水準服務的公司，它們當時規模相當，經常在商業經典案例、高校MBA案例，以及網路上出現。P公司是連鎖零售業，H公司是連鎖餐飲業。

兩家公司能提供高水準服務，除了營運流程之外，還有一個共同理念：好好服務員工，員工就能好好服務顧客。然而，兩家公司在如何服務員工這個問題上，有截然不同的做法。P公司強調薪資高、福利好，偏向保健因素。H公司則強調工作氛圍、生活保障和未來發展，偏向激勵因素。2014年，P公司因為經營問題陸續關店，後來宣布未來3年只保留一家店。H公司於2018年上市，不論是業績還是市值，都在全球中式餐飲市場中排名第一。

商業界瞬息萬變，絕不能說因為P公司給予員工高薪酬和高福利，因此經營失敗。但讓人心寒的是，P公司面臨危機時，多數員工沒有感恩公司提供的高薪酬和福利，而是選擇沉默、靜觀其變，甚至落井下石。違背基本的經濟規律和人性，提供大量保健因素的做法，能換來短時間的繁榮，但從長遠來看，反而會「營養過剩」。相反地，提供一定的保健因素，並不斷提供激勵因素的做法更健康、有效。

| | P 公司 | H 公司 |
|---|---|---|
| 理念 | ・薪資高、福利好、自由、快樂 | ・為員工創造公平、公正的環境<br>・和員工一起幫助公司成長 |
| 激勵方式 | ・薪資是市場的2倍以上<br>・要求員工每週只能工作40個小時<br>・每天準時下班，下班不得接聽工作電話<br>・中高層幹部每人發放1輛車和1棟別墅<br>・替員工建立休閒娛樂中心 | ・薪酬、福利比同行業高75%<br>・請專人照顧員工生活、改善居住環境<br>・替員工家屬 開設員工子弟學校<br>・提供職業發展路線<br>・放權給員工 |

### 溫暖提醒

　　激勵保健理論不代表不應該提供高報酬或好福利給員工。如果經營條件允許，這麼做當然不是一件壞事，但只有薪資高、福利好，通常不是激勵部屬的有效條件，因為這只是保健因素。因此，多加運用激勵因素才能有效激勵部屬。

### ▶▶▶ 2. 提高任務價值與完成可能性，部屬更願意行動

🔒 問題場景

為什麼很多部屬工作不積極呢？

人的積極來自於動機，沒有動機當然不願意行動。

那麼該怎麼激發部屬的動機？

動機與「效價」和「期望值」兩個因素有關。

效價是人們覺得某事對自己的價值；期望值是人們覺得完成某事的難度或可能性。

它們分別是什麼意思？

我們可以提高某事對部屬的價值，或是提高完成這件事的可能性或降低這件事的難度。

要如何應用它們？

問題拆解

　　人們在做某件事之前，會先主觀判斷做這件事可能會帶來什麼好處？做或不做可能會帶來什麼壞處？透過這種利弊分析，判斷最終結果可能產生的價值。其次，會判斷完成這件事的難易程度和需要付出的努力程度，最終形成做這件事的主觀能動性。

🔑 **實用工具**

**工具介紹**

**期望理論（Expectancy theory）**

　　期望理論也稱作效價期望理論（Valence-instrumentality-expectancy theory），是由美國心理學家和行為科學家維克多·佛洛姆（Victor H·Vroom）在1964年提出，它的核心含義是：人們採取某行為的動力，與自身對該行為結果的價值，以及自身對達到該結果的預期有關。

　　期望理論假設，人們採取某行為的動力與內心的預期緊密相關。當該行為能帶來正面、有利的價值越多，實現該目標的可能性越大，激發人們採取該行為的積極程度也越高，採取該行為的動機也會越強烈。

├ 期望理論公式 ┤

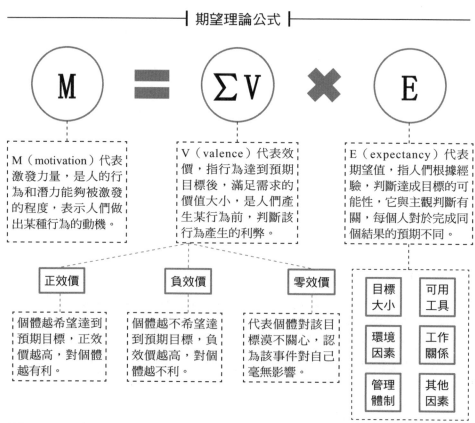

### 應用解析

┤ 效價期望理論案例 ├

某媒體創業公司經營各大網路媒體，同時也幫其他企業做設計，團隊成員共30多人。及時、有趣、創新、創意等字眼，對該公司發展至關重要。不過，公司大部分員工朝九晚五，沒有激情和活力，只在乎工作任務，不考慮如何提高效率或是做得更好。

為了激發員工的動力，高層給員工加了一輪新資。但是員工高興一段時間後，很快恢復到往常的狀態。後來，高層根據期望理論，重新改革薪酬政策，從制度、管理及文化層面做出許多改變，具體內容如下：

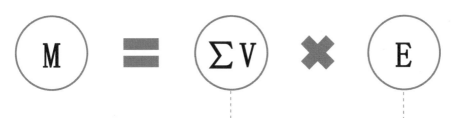

$$M = \Sigma V \times E$$

| | |
|---|---|
| 1. 每月給予創意數量達標的員工獎勵。<br>2. 淘汰沒有達標的員工。<br>3. 每月評選創意之星，在晨會上表揚，並由高層頒發紀念品。 | 1. 營造企業文化，將公司定義為創新驅動型公司。<br>2. 對員工進行創新培訓。<br>3. 由總經理把關所有需要資源支援的創意，並快速提供資源配置。 |

### 溫暖提醒

期望理論對於有效激發和調動部屬的積極程度，有重要的作用，激勵部屬的做法有以下3種：

1. 將部屬的個人需求，與團隊期望部屬完成的工作目標結合。
2. 部屬完成工作目標後得到的報酬，要恰好滿足他們的需求。
3. 保證團隊提供足夠的資源，用以支援和幫助部屬完成目標。

## ▶▶▶ 3. 不必追求絕對公平！應該用公正創造公平感

🔒 問題場景

經常有部屬找我反映薪資分配不公平，我已經讓大家領的都一樣了，還是有人覺得不公平。

與其追求絕對公平，不如追求公正。每位部屬的能力和經驗不盡相同，創造的價值也不同，所以薪資要有差異，雖然這對個別部屬可能不公平，但對整個團隊來說是公平的。

但還是有人覺得不公平。

這就要看規則了。團隊一起制訂規則，整個團隊都要遵守，實現公正，這樣大家就不會抱怨不公平。

原來如此。要用規則來展現公平，而不是用結果。

除了規則之外，平時也要對部屬做心理輔導和思維引導。

問題拆解

　　公平和公正不同，公正是指給予每個人應得的，公平則是一視同仁。凡是公正的事，必定是公平的，但公平的事不見得是公正的。有時公平反而會使人感到不公平；公正但表面上不公平，反而會使人感到公平。因此，管理者應該用公正來創造公平，而不是追求絕對公平。

工具介紹

**公平理論（Equity theory）**

　　公平理論也稱作社會比較理論（Social comparison theory），是由美國心理學家約翰・斯塔希・亞當斯（John Stacey Adams）在1965年提出。公平理論的核心含義是，員工自身的受激勵程度，是由自己與參照對象，對於工作投入和回報的主觀比較結果所決定。

┤ 公平理論公式 ├

當X＞1，表示人們感覺自己的投入產出比高於比較對象，於是產生優越感，可能出現以下行為：
1. 感到興奮，產生激勵。
2. 由於獲得高投入產出比，而產生責任感，行為朝更加積極的方向繼續努力，投入程度升高。
3. 當X長期大於1，人們開始習慣這種優越感，產生理所應當的感覺，投入程度開始下降。
4. 當X過高時，反而會心虛或產生不穩定感，引發一系列消極行為，例如：透過離職減少回報，做自己感興趣的事。

當X＝1時，表示人們感覺自己的投入產出比和比較對象相當，覺得公平，不會產生負面情緒。

當X＜1時，表示人們感覺自己的投入產出比低於比較對象，覺得不公平，這時為了消除不滿情緒，可能會產生以下行為：
1. 認為受到不公正待遇，行為動機下降，開始出現苦悶、焦慮、發牢騷、怠惰等消極行為。有時會出現叛逆行為，嚴重甚至會出現破壞行為。
2. 採取一系列行動，例如：換工作、設法提高薪資、減少投入、遲到早退、拖延任務等，藉此改變投入產出比，獲得公平感。
3. 直接更換比較對象，尋找投入產出比較低的對象，以重新獲得優越感。
4. 忍耐、逃避或自我安慰，甚至會扭曲或醜化比較對象，讓自己接受這種不公平的感覺。

表示這個人對某比較對象獲得薪資回報的感覺。

表示這個人對某比較對象為此所投入的感覺。

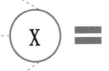
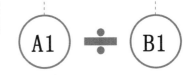
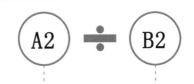

表示某人對自身獲得薪資回報的感覺。

表示某人對自身為此所投入的感覺。

**應用解析**

────────────┤ 公平理論舉例 ├────────────

> 小王和小張在同一家公司從事相同職位，他們每月的薪資結構相同，都是基本工資
> 3000元，加上浮動工資5000元。浮動工資的發放條件是每月圓滿完成任務。他們的任
> 務都是完成一份3萬字的研究報告書。小王和小張每月都能按照要求完成工作。
> 剛開始兩人相安無事，但過沒多久開始出現問題。小王和小張每月任務相同、薪酬相
> 同，兩人理應覺得公平，但是他們覺得不公平。

我每月完成任務只需要
10天，剩餘時間做了很多職
責範圍之外的工作，而小張
每月總是拖到月底才完成報告，
表示我的效率較高、
工作能力較強，為何薪水
卻和他一樣？

小王

我每次分配到的報告主題
都是資料庫沒有的，要費很多
力氣找資源，才能勉強完成，
而小王的主題都能在資料庫
找到大量參考資料，表示
我的工作難度高、工作量
較大，為何薪水卻和他
一樣？

小張

**溫暖提醒**

要讓部屬在團隊中感覺公平，可以參考以下5個做法：

1. 對待部屬的態度要公正。
2. 按照統一的標準和制度，評價部屬的貢獻，兌現部屬的價值。
3. 薪資分配的標準和制度應保證公開、公正。
4. 日常工作中，應為部屬樹立正確的公平觀。
5. 及時給予已感受到不公平的部屬心理輔導。

# 3-2

# 用3種方法表揚部屬，
# 他會更想攀越高峰

---

　　表揚是一種有效激勵員工的手段。美國心理學家威廉‧詹姆士（William James）曾說，人類本性最深的企圖之一，是期望被讚美和尊重。我們都希望自己的成績與優點得到別人認同，哪怕這種渴望在別人眼裡似乎有點虛榮。團隊中，大多數員工都希望得到來自團隊的認同。有時候，團隊管理者一句不經意的表揚，有可能帶來神奇的魔力。

## ▶▶▶ 1. 只說「你很不錯」還不夠！
## 最好再加上一分鐘做……

🔒 問題場景

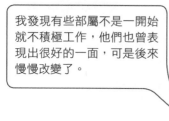

我發現有些部屬不是一開始就不積極工作，他們也曾表現出很好的一面，可是後來慢慢改變了。

發現部屬出現好的行為時，應該給予鼓勵，我建議你可以立即表揚他。

這樣表揚會不會太頻繁？

不會，不要吝惜表揚部屬。這是表達對部屬的肯定，是一種有效的激勵方式。

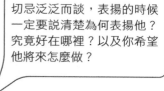

看來我要經常對部屬說「你很不錯」。

切忌泛泛而談，表揚的時候一定要說清楚為何表揚他？究竟好在哪裡？以及你希望他將來怎麼做？

**問題拆解**

優秀管理者會把表揚當作激發和引導部屬行為的方式，因此不要吝惜表揚部屬。養成表揚的習慣之後，表揚會變得像打招呼一樣自然。需要注意的是，有效的表揚不是表彰大會，不需要長篇大論，更不用刻意表揚。

### 🔑 實用工具

### 工具介紹

**一分鐘表揚法**

　　這個方法是指，當部屬做出管理者希望看到的行為時，管理者給予友好的正面回饋。這種表揚方式的優點是適時、快速、簡短、精準，可以透過表揚形成行為增強迴路，它通常包括3部分：

　　1. 大約30秒，要即時稱讚，描述細節、感受以及對團隊的幫助。
　　2. 停頓幾秒鐘，讓部屬享受表揚帶來的喜悅。
　　3. 大約30秒，給部屬鼓勵和信心。

　　表揚時，注意態度要真誠，可以增加一些友善的肢體語言。

─┤ 一分鐘表揚的原則 ├─

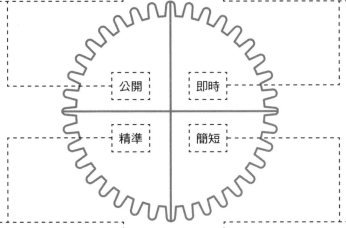

人們喜歡在公開場合被表揚，因此最好公開表揚部屬。

發現部屬出現有利於團隊的行為時，要即時表揚，不要等待。

公開　　即時

精準　　簡短

告訴部屬他的行為對團隊有多大的幫助和意義，並告訴他做得很好的地方，同時還要表達身為管理者為他感到自豪。

表揚的內容不需要太複雜，用簡短、易懂的言語迅速表達即可，一般控制在1分鐘左右。

## 應用解析

├── 表揚形成的行為增強回路 ──┤

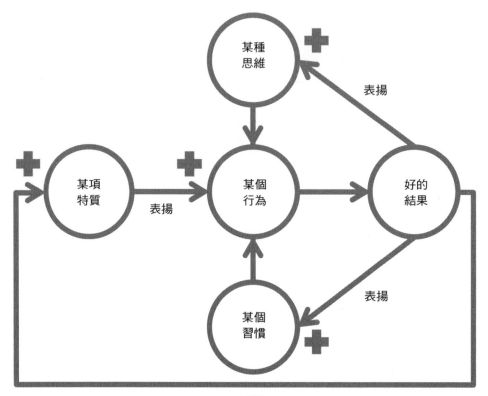

温暖提醒

　　表揚能夠幫助人們形成行為增強回路。當部屬被表揚和肯定時，他會得到正回饋，持續的正回饋能激發部屬產生持續的行為。

　　有些人認為，只有當部屬做出一些成績時，才值得表揚。其實每個人身上都有值得表揚的地方，不必非得等到部屬做出成績後才給予表揚。團隊管理者平時要多了解、多關注部屬（可參見第1章的1-2），找到他的優點，就他的優點進行表揚。

## ▶▶▶ 2. 用貼標籤方式稱讚特質，連懶散部屬也會奮發

 問題場景

表揚部屬具體該說什麼？

可以表揚他的具體行為，也可以歸納出他行為背後的特質，並表揚這項特質，比方說努力、正直、負責等。

即使某項工作沒達到預期結果，我也可以對部屬說「在這件事上，我很欣賞你的幹勁」嗎？

對！這樣說的效果很好。你平時可以多觀察部屬的行為，替這些行為貼標籤。

然後用這些標籤來表揚嗎？

沒錯，你會發現給部屬貼的好標籤越多，他的行為就會越靠近這些標籤。

問題拆解

　　管理者若持續表揚某種行為，部屬就會持續表現出這種行為；若持續表揚某種特質，部屬就會持續表現出這種特質。一般來說，表揚特質優於表揚行為，因為優秀的特質能夠產生更多優秀行為。

## 溫暖管理課

### 🔑 實用工具

**工具介紹**

#### 貼標籤式表揚法

這種表揚法是歸納人們行為背後的特質後，藉由表揚對方具備的特質，使他獲得正回饋，進而持續表現出與這種特質相符的行為。

貼標籤式表揚法需要管理者具備觀察和總結的能力，可以根據人們的行為總結成正向關鍵字，並把這些關鍵字作為部屬特質的標籤。人們都有特質和外顯行為相關的一致性傾向。當人們相信自己具備某種特質，就會傾向於表現出能夠證明該特質且與該特質一致的行為。

────────┤ 貼標籤式表揚法原理圖示 ├────────

在公開場合用關鍵字多次表揚部屬。表揚時，要遵循一分鐘表揚法的原則。

透過表揚，部屬對關鍵字標籤產生認同，開始相信自己真的具備該特質。

部屬會根據一致性傾向，持續表現出類似行為，以保持自己與特質的一致。

個體認同

類似行為

實施表揚

貼上標籤

某種行為

某種特質

發現部屬對團隊有利的行為，或發現部屬身上某個優點的行為表現。

總結出這個行為或優點背後的特質，形成一個或多個正向的關鍵字。

持續把這些正向關鍵字和部屬做連結，常常對部屬提起他具備這些特質。

 應用解析

──┤ 貼標籤式表揚法的其他應用 ├──

新員工小王上班經常遲到，而且沒有其他客觀原因，由此可以推測他的時間觀念較差。

小王

抱歉，我又遲到了。

但交給小王的工作，他都完成得很出色，而且準時。表示他工作能力很強。

您交給我的工作已經完成了。

這時候，可以給小王貼上「負責任」和「時間觀念強」的標籤，並公開表揚他。

管理者

小王很優秀，工作負責任，而且時間觀念強，我交代的工作都按時、有質量地完成了！

表揚幾次之後，小王開始用負責任和時間觀念強的標籤約束自己。不僅不再遲到，而且每天都第一個進辦公室。

小王

我已經把辦公室打掃乾淨了！

溫暖提醒

　　貼標籤式表揚法可用於原本就很優秀的人，讓他們繼續保持，也可用於原本沒那麼優秀的人，讓他們變得優秀。每個人都期望自己是成功的，期望在群體中有價值。因此，透過不斷獲得認同，原本不優秀的部屬也可以改變。

# ▶▶▶ 3. 藉由三角式表揚法，增進團隊成員之間的感情

問題場景

為何我越表揚，團隊氛圍越差？

你覺得問題出在哪裡？

或許是因為我經常透過表揚某個人來批評其他人……

這叫三角式批評，是大忌，以後千萬別這麼做。你不妨試試三角式表揚。

什麼是三角式表揚？

就是和三角式批評相反的做法。表揚某人的時候也表揚其他人，或者表揚A的時候連結B，增進A和B的關係。

問題拆解

　　不要藉由表揚某人來批評他人，例如：公開說某人在某方面非常優秀，其他人都比不過他，都要向他學習之類的話，而公開說團隊中誰比誰好、誰比誰差更是大忌。這麼做不利於被貶低的一方接受批評，還容易造成團隊內部矛盾而不利於團結。

🔑 **實用工具**

**工具介紹**

**三角式表揚法的2種常見形式**

**1. 表揚A的時候同時表揚B**：讓A和B同時感受到被表揚，並讓他們互相學習對方優點。例如：在公開場合說部屬A認真、仔細，幾乎不曾出錯，接著說部屬B善於思考，報告有一定的深度，表示期望A和B互相學習。

**2. 表揚A的時候連結B**：管理者可以說，因為B提供某個資訊，A才獲得表揚，增進A和B的關係。舉例來說，和部屬A說：「我聽B說你昨晚為了今天會議要用的內容，加班到很晚，辛苦你了，我很欣賞你認真負責的態度。」這麼做，部屬A不僅會接收到管理者的表揚，心中還會對B心存感激。

經常視情況採取三角式表揚法，能改善成員不團結的情況，並增加凝聚力。

┤ 三角式表揚法的原理 ├

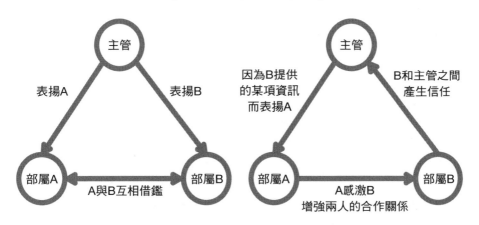

 應用解析

┤ 表揚的話術比較 ├

你很優秀
做得漂亮
你做得很好
挺不錯的
好極了
非常棒

· 小王，這份報告資料充分、分析
  到位，完成的品質很高，你是個
  很用心的人，以後繼續保持！
  （貼標籤式表揚法）
· 聽小李說，你為了完成這份報
  告，占用很多個人時間，而且自
  費獲得很多資料，你真的很用
  心。付出必然帶來成長，加油！
  （三角式表揚法）

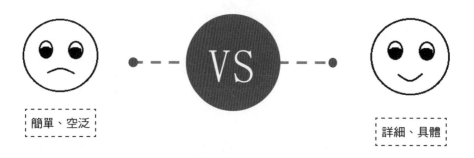

簡單、空泛

詳細、具體

温暖提醒

　　一些簡單、空泛的正面詞彙，雖然能發揮一定的表揚效果，但單
獨使用會顯得空洞、不真誠，不能準確表揚到部屬的優點或特質，時間
久了部屬可能會認為這是虛情假意。

　　另外，表揚不準確會導致部屬不知道自己究竟哪方面表現好，而
無法真正激勵好的行為，這種行為便可能無法持續，時間久了部屬可能
會覺得自己不論做什麼都做不好。這樣的表揚反而引起反效果。表揚部
屬時，要注意情緒、發自內心，不要刻意為之。如果為了表揚而表揚，
部屬其實感受得到，這樣不僅失去效果，還會使部屬產生負面情緒。

# 3-3

# 怎麼罵部屬能切中要點，
# 他還對你心懷感謝？

———————◗—————————

　　人們不喜歡被批評，但在必要時，實施批評有助於實現好的效果。用對方法批評部屬的管理者，不但不會被部屬記恨，反而會得到他的感謝。不懂批評的管理者，不但無法達到想要的效果，還會和部屬產生矛盾。

## ▶▶▶ 1. 不僅對事也要對人，一分鐘批評法幫你雙管齊下

🔒 **問題場景**

表揚時可以表揚部屬的特質，批評也是這樣嗎？

特質是主觀、抽象的，用來表揚是可以的，但若對此進行批評，部屬會很難接受。

為什麼不容易接受？

因為這種批評很容易變成批評人格，而不是批評具體行為。

那麼該怎麼批評呢？

要尊重**客觀事實**，不做主觀判斷；要批評**具體行為**，而不是抽象概念。

**問題拆解**

　　透過部屬行為歸納出的特質是主觀、抽象的，因為用詞積極、正面，如果用來實施表揚，部屬會很容易接受。有時候，部屬在這方面的特質其實沒有很明顯，但他在接受並認同他人的表揚後，可能會朝這種特質做出努力、有意強化它。相反地，如果用來批評，因為用詞消極、負面，部屬很容易抗拒、不接受，並在腦海中找出自己不具有這種負面特質的例證。管理者批評部屬是為了糾正不良行為，不是為了評頭論足，更不是為了評價人格。

## 實用工具

### 工具介紹

**一分鐘批評法**

　　這種方法是當部屬沒有按照預期完成工作時，管理者對部屬做出必要的指正型回饋，藉此形成行為衰退迴路，它通常分為3部分：

　　1. 大約30秒，對事不對人，明確且具體地指出問題在哪裡，說出感受以及這個問題的後果和影響。

　　2. 停頓幾秒鐘，讓部屬審視自己犯的錯。

　　3. 大約30秒，對人不對事，給予部屬信心和鼓勵，並提出期望。

┤ 一分鐘批評的原則 ├

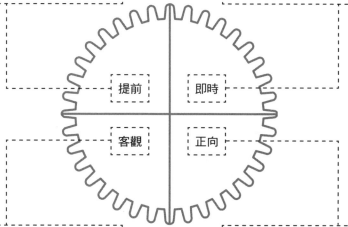

提前告訴部屬正確的做法及評價標準，如果部屬提前不知道，應主動提醒、告知，而不是批評。

在事情發生之後立即批評，不要等待，也不要秋後算帳。一次只處理一種行為。

提前　即時

客觀　正向

批評要對事不對人，針對客觀事實和具體行為進行批評，而非抽象的特質，更不要批評人格。

清楚地告知正確做法。批評之後要鼓勵，並提出期望，以正能量結束。

💡 應用解析

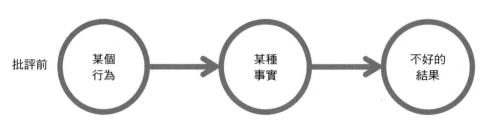

批評形成的行為衰減回路

批評前　某個行為 → 某種事實 → 不好的結果

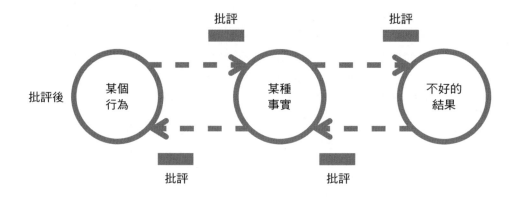

批評後　某個行為　某種事實　不好的結果

溫暖提醒

　　和表揚形成行為增強回路的邏輯相反,批評是為了形成行為衰減回路,以杜絕產生某種行為。不同的是,表揚可以藉由稱讚某種思維、習慣或特質,來增強回路。批評則是直接藉由指責某種行為、事實或不好的結果,來減少行為回路。

## ▶▶▶ 2. 帶領團隊就像開車，得多踩油門而非狂踩煞車

### 🔒 問題場景

可以每天表揚部屬，是不是也可以每天批評部屬呢？

不是。表揚是一種正向激勵，可用來引導行為，但批評是負向的，是用來制止或糾正行為。話雖如此，但也不必刻意回避，若發現部屬某方面有問題，還是要立刻提出。

可以在會議上公開批評嗎？

建議不要。表揚可以公開，但是批評最好不要公開。建議在只有你和部屬兩人的場合裡私下批評。

難怪我每次批評部屬時，總覺得他們無法接受。

給部屬留足面子，盡量減少他的負面情緒，這樣會比較容易接受。

### 問題拆解

　　如果用開車來形容表揚和批評，表揚就像踩油門，批評就像踩剎車。帶領團隊應該在控制好方向盤之後多踩油門，讓車持續行駛，而不是多踩剎車。當行車過程中遇到危險時，再趕緊踩剎車。

### 實用工具

#### 工具介紹

**容易被接受的批評**

批評的方式會影響部屬接受的程度，唯有願意接受批評，才能發揮預期作用。要讓部屬更容易接受批評，需要注意以下4點：

1. 給部屬解釋、說明的機會，有時我們看到的只是表面，部屬的行為或許是有原因的。

2. 理解部屬行為背後的動因，以同理心來建立彼此的信任感。

3. 把焦點放在問題的預防措施和解決方案上，而不是一直強調部屬犯的錯誤。

4. 批評部屬時，要同時批評自己的問題，和部屬一起改正。

---

### 不容易被接受的批評有哪些特點？

1. 扮演事後諸葛亮，事先沒有標準或標準不明確，沒有事先把「該怎麼做」告訴部屬。

2. 平時對部屬存在的小問題不聞不問，等出現大問題時，把平時的小問題拿出來集中批評。

3. 在公開場合批評部屬，不顧及他的感受，甚至不留面子。

4. 擺出一副高姿態指責部屬，用自己的輝煌歷史貶低部屬。

5. 藉由表揚或抬高其他部屬來批評另一個部屬，常用「你看看人家」等話語批評。

6. 只有負面的批評，沒有任何正面溝通，給部屬帶來心理壓力和消極情緒。

## 應用解析

┤ 比較批評的話術 ├

你真笨！
你怎麼那麼懶惰！
你太差勁了！
你怎麼連這個都不知道？
這點小事都做不好！
你工作一點都不認真！
你就這種做事態度？
你是不是不想做這份工作了？
沒見過比你更笨的！

・小王，這次的報告有許多資料統計錯誤，我很意外，你不該犯這類錯誤。做報告之前怎麼沒有審核？這個錯誤可能會嚴重影響公司的決策，而且可能造成嚴重的經濟損失。
（停頓幾秒鐘）

・你平時一直很認真，責任心強，業務能力也很出色。把這次的錯誤當成一次成長經驗，只要吸取教訓，相信今後你一定不會再出現類似錯誤。
（一分鐘批評）

毫無價值　　VS　　鼓舞人心

**溫暖提醒**

　　只有負面評價的批評，對團隊來說毫無價值。批評時，要注意對事不對人，盡量減少批評的消極影響。鼓勵時，要注意對人不對事，盡量增加鼓勵的積極作用。只要是批評，多少都會傷人。有效的批評能夠使人成長，無效的批評只會傷害對方。

# 3-4

# 如果不貫徹獎懲制度，
# 部屬必定無所適從

　　許多團隊管理者對獎懲的觀點是：好的行為應該獎勵，不好
的行為應該懲罰。但是，按照這個思路實施獎懲，效果卻不如預
期。有些獎懲實施之後毫無效果，有些獎懲甚至導致部屬怨聲載
道、聯合抵制。實施獎懲有原則和方法，唯有掌握正確方法，才能
獲得正面效果。

## ▶▶▶ 1. 該怎樣獎勵有貢獻的人，懲罰沒履行職責的人？

🔒 **問題場景**

我發現最近有幾個部屬經常遲到，強調多次仍不見效果。我想制訂一個制度，給予當月沒遲到的部屬獎品。

我建議不要這麼做，做出貢獻應給予獎勵，但做到職責範圍內的事，則不須獎勵。

可是，聽說要多用正面激勵引導部屬的行為，所以才想出這樣的制度。這有什麼問題嗎？

這個原理沒有錯，但不是這麼使用的。職責範圍內的事，是部屬該做的，貢獻是部屬額外做的。沒做到職責範圍內的事，理應直接懲罰，而不是獎勵。

說到懲罰，最近部門有幾個人做的市場策劃方案太沒創意了，我正準備懲罰他們。

市場策劃方案沒有創意這類事情，用懲罰恐怕不能發揮理想效果。

為什麼？前面不是說應該懲罰嗎？

有沒有做出方案是職責範疇，做出來的方案有沒有創意是貢獻範疇。這種情況可以用獎勵的方法，引導部屬做出有創意的方案。

問題拆解

「不遲到」是每個職位的基本職責，做不到應受到懲罰，而不是做到了需要獎勵。如果部屬按時上班就給予獎勵，久而久之，部屬會把按時上班的義務和獎勵連結。本來再普通不過的按時上班變得有價值，一旦沒有獎勵之後，部屬反而會想：「我為何要準時來？」

市場企劃方案有沒有創意，是對工作品質的評價，而且是一種主觀判斷，不屬於職責，而是一種貢獻。這種情況應該用正面激勵引導部屬的行為，鼓勵部屬做出更有創意的方案。

## 🔑 實用工具

### 工具介紹

**獎懲的應用原則**

　　獎勵和表揚屬於正面激勵，獎勵偏重物質層面，表揚則偏重精神層面。懲罰和批評屬於負面激勵，懲罰偏重物質層面，批評則偏重精神層面。

　　實施獎懲是對做出貢獻的人給予獎勵，對沒有履行職責的人給予懲罰。職責是指那些只要在職位上任職就應該做的事，不做就是失職，也可以理解為應盡的義務。貢獻是指在履行職位職責的基礎上，工作還做得很出色，或者做了不在職位職責範圍內、對團隊有利的事。簡單來說，職責是「有沒有」的問題，貢獻是「好不好」的問題。

────┤ 獎懲形成的履行職責，和做出貢獻的線路邏輯 ├────

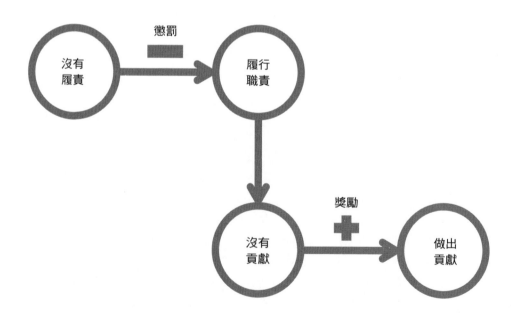

應用解析

── 職責和貢獻在不同情況下的應對策略 ──

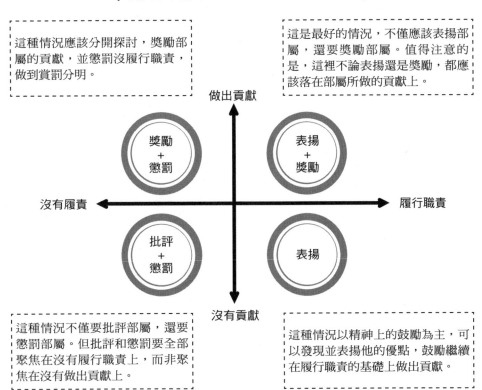

這種情況應該分開探討，獎勵部屬的貢獻，並懲罰沒履行職責，做到賞罰分明。

這是最好的情況，不僅應該表揚部屬，還要獎勵部屬。值得注意的是，這裡不論表揚還是獎勵，都應該落在部屬所做的貢獻上。

做出貢獻

獎勵
＋
懲罰

表揚
＋
獎勵

沒有履責 ◄─────────────────► 履行職責

批評
＋
懲罰

表揚

沒有貢獻

這種情況不僅要批評部屬，還要懲罰部屬。但批評和懲罰要全部聚焦在沒有履行職責上，而非聚焦在沒有做出貢獻上。

這種情況以精神上的鼓勵為主，可以發現並表揚他的優點，鼓勵繼續在履行職責的基礎上做出貢獻。

**溫暖提醒**

根據部屬是否履行職責和是否做出貢獻，可以分成4種情況：

1. 既履行職責，又做出貢獻。

2. 沒有履行職責，但做出某方面的貢獻。

3. 履行職責，但沒有做出貢獻。

4. 既沒有履行職責，又沒有做出貢獻。

以上情況分別有不同的應對策略，若誤用可能會產生問題。

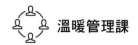 

▶▶▶ 2. 以機制代替人治，做到合理、平等與即時

🔒 問題場景

獎懲看起來是個很好的工具，我以後要多加利用！

獎懲同樣要謹慎使用。獎勵雖然是正面激勵，但過度使用會使員工麻木，無法發揮效果，懲罰則是負面激勵，使用過多會引發負面效果。

獎懲一下有用，一下又要謹慎運用，似乎很矛盾？

其實不矛盾。獎懲的最終目的是引導和約束部屬行為。總是運用獎懲，不如建立獎懲機制，這樣就算沒有持續實施獎懲，也能讓部屬意識到可能會被獎懲，進而達到目的。

原來如此！有什麼方法能讓我在應用獎懲時，讓部屬的感受更深刻？

想讓獎懲發揮效果，管理者的情感很重要。要讓部屬感受到你的情感波動。

問題拆解

　　對部屬實施獎懲的目的，是透過獎懲讓部屬做出有利於團隊的行為。獎懲涉及部屬物質的增加或減少，實施時應該比表揚和批評更慎重。有時候，獎懲機制比獎懲來得重要，就像將高壓線放置在旁邊，人人都知道不能碰。

## 🔑 實用工具

### 工具介紹

**獎懲機制**

　　機制是指規則鮮明、應用得當、執行到位的獎懲流程和制度。獎懲機制不同於單次的獎懲行為，就像一個自動運轉的機械齒輪，推動團隊良性發展。良好的獎懲機制，能讓團隊中的獎懲成為一種公正、有效、人人信服的管理工具。當團隊人數越多，建立獎懲機制就越重要。

―――――┤ 建立獎懲機制的原則 ├―――――

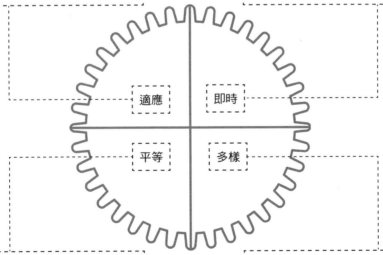

所有獎懲規則必須合法合規、合情合理，要符合實際情況，做到獎懲得當。

獎懲措施應該即時執行、快速實施，不能拖拉和延遲。

獎懲機制對公司所有人的影響力、效力和應用方式，都應該相同。

獎懲不僅有獎金、獎品等物質層面的兌現方式，還有許多精神層面的兌現方式。

適應　即時
平等　多樣

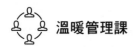 

 應用解析

┤ 實施獎懲的注意事項 ├

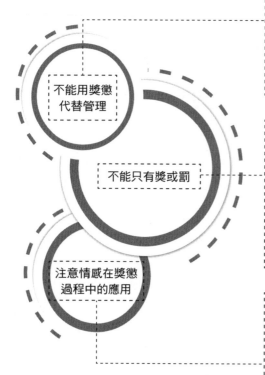

不能用獎懲
代替管理

不能只有獎或罰

注意情感在獎懲
過程中的應用

和部屬在日常工作中的溝通、交流、指導等，不能被簡單的獎懲取代。有些管理者認為有了獎懲，管理工作會簡單許多。實際上，如果平時不針對部屬的行為做大量溝通和交流，部屬不會確切知道自己究竟為何被獎懲？該如何改進？部屬機械式地等待和接受冰冷的獎懲，會讓管理者的管理能力退步。

有些團隊特別注重懲罰而少有獎勵，缺乏溫情，讓部屬感到壓抑。有些團隊特別注重正面激勵而很少懲罰，結果造成溫暖有餘、約束力不足，部屬工作隨性。獎與罰就像兩條平行的鐵軌，引導部屬行為這輛火車行駛的方向。如果只有獎或罰，就像只沿著一條鐵軌行駛的火車，必然會導致部屬的行為產生偏離，無法發揮獎懲應有的引導作用。

團隊管理者在獎勵部屬時，應抱著親切、熱情的態度，營造良好的情感氛圍，讓部屬感受到管理者在情感上對他的充分認同和支持。這時候，部屬往往會再接再厲。管理者在實施懲罰時，應抱持嚴肅、莊重的態度，營造威嚴的氛圍，同時還要保持對部屬的關愛，讓部屬感受到被認同。這時候，部屬往往會悔恨交加，不願意再次犯錯。

温暖提醒

　　有效的獎懲機制，能夠防止管理者感情用事。舉例來說，面對自己不喜歡的部屬時，該獎勵時不給予獎勵，該懲罰時格外嚴厲。相反地，面對自己喜歡的部屬時，該懲罰時不夠嚴厲，該獎勵時給予許多額外獎勵。

　　想讓獎懲機制發揮作用，不是建立獎懲管理制度即可，還需要有相應的配套措施，才能有效實施。例如：建立完善的獎懲評價標準和評價體系；追究相關人員獎懲執行不到位的責任；防止管理者利用獎懲制度徇私舞弊等。

第 **4** 章

# 如何授權交辦，
# 能讓部屬100%達成任務？

我覺得自己可能不適合做團隊管理者……

為什麼這麼說？

自從成為經理以來，工作比以前多了好幾倍，不僅手頭上有很多工作要處理，我還要審閱、修改、批示部屬呈上來的工作，每天忙得暈頭轉向。

也許是因為你沒有做好工作授權，才讓自己陷入這種情況。

有效的工作授權分成授權前的準備、控制授權工作和授權後的評估。我們來一起探討吧。

如何做好工作授權？

# 4-1

# 授權前沒做好準備，
# 反而會產生反效果

────────●────────

　　沒有做好準備的授權不但無法發揮預期效果，還可能會引起
負面作用，這對被授權的工作和部屬都非常不利。什麼樣的工作可
以授權？什麼樣的人適合被授權？這些都需要在授權前認真評
估。

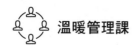 

## ▶▶▶ 1. 制訂工作評估表，找出適合授權的任務與人選

🔒 問題場景

管理者要如何授權？

首先，我們要做好授權前的準備。

要先評估手頭上的工作內容，再評估這些工作內容會占用的時間。

要準備什麼呢？

判斷每項工作如果授權給部屬，是否能夠做得更好、耗時更少、成本更低、讓部屬成長，然後再確定授權的人選。

評估完之後呢？

通常，怎樣的部屬適合被授權？

一般來說，態度積極、能力較強、有晉升潛力的部屬，適合被授權重要的工作。

問題拆解

　　工作授權不是把占用自己時間最多的工作授權給部屬，也不是把沒有價值的工作丟給部屬，讓他替你工作，而是綜合評估自己的工作內容之後，找出適合授權的工作和人選，再進行授權。

## 實用工具

### 工具介紹

**授權前的工作評估表**

在授權工作之前，需要評估以下3個方面：

1. 目前手頭上有哪些工作內容，以及這些工作會占用多少時間？
2. 工作內容授權給部屬，是否能夠提高完成效率或讓他成長？
3. 當前適合被授權的工作，可以授權給哪些部屬？

### ┨ 授權前的工作評估表 ┠

評估的工作內容應包括手頭上的所有工作。不要一開始就抱著某項工作不適合授權的想法，進而不考慮此項工作。

若某項或某幾項變好時，要注意其他幾項是否變差。綜合評估變好和變差的情況後，確定該工作是否適合授權。

可以被授權的部屬，不一定只有團隊中的佼佼者。管理者可以透過授權，培養其他部屬的能力。

| 職權範圍內的工作 | | 授權給部屬是否能夠…… | | | | 適合授權的人選 |
|---|---|---|---|---|---|---|
| 工作內容 | 占用時間 | 做得更好 | 用時更少 | 成本更低 | 令其成長 | |
| | | | | | | |
| | | | | | | |
| | | | | | | |
| | | | | | | |

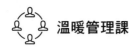
 應用解析

──────────┤ 什麼樣的部屬適合授權？ ├──────────

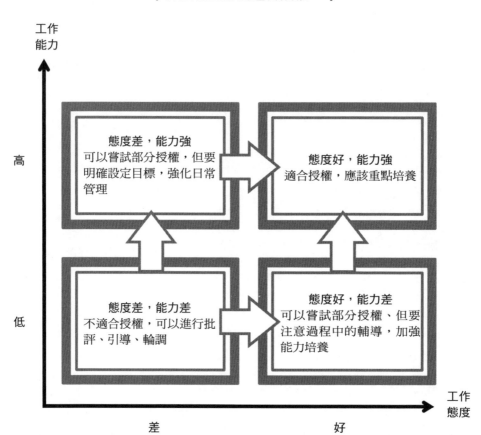

溫暖提醒

　　一般來說，工作態度積極、能力較強、有晉升潛力的部屬，適合被授權重要的工作，團隊管理者可以把這類部屬當作自己的接班人來培養。對於工作態度好、但能力較差的部屬，可以嘗試授權部分工作，藉此培養他的能力。對於工作態度差、工作能力強的部屬，同樣可以嘗試部分授權，藉此增加他的責任感和參與感。

## ▶▶▶ 2. 授權程度分成4級，根據成員能力分派等級

### 🔒 問題場景

我想授權某些工作，但又覺得不應該把所有工作授權給部屬，該怎麼辦？

我建議劃分授權程度，根據工作內容和部屬的情況進行授權，有的工作授權程度較高，有的則較低。

我從來沒有對部屬授權，可以嘗試先從低程度的授權開始嗎？

當然可以，授權等級可以由低到高、循序漸進。

這裡的授權程度可以是動態變化的吧？

沒錯，你可以根據情況，隨時把授權程度調高或者降低。

### 問題拆解

　　剛開始實施授權時，為了防止產生問題，不需要馬上授權所有工作內容。尤其是部屬當前能力不足以獨立完成工作時，全部授權的風險會很大。這時候，可以採取部分授權。

## 🔑 實用工具

### 工具介紹

**授權程度分級**

　　授權程度分級是指，授權給部屬之後，要劃分許可權等級和具體要求。提前劃分授權程度，有助於團隊管理者和部屬根據實際情況，有效實施工作授權，這樣可以降低授權的風險。

　　授權程度可以由低到高分成4級，分別是命令性授權、培養性授權、指導性授權、結果性授權。授權程度越低，被授權的部屬許可權越低、自主性越小，管理者越需要關注這項工作。授權程度越高，被授權的部屬許可權越高、自主性越大，管理者越不需要關注這項工作。

---

**┥ 工作授權程度樣表 ┝**

| 團隊管理者經過評估後，認為可以對部屬授權的工作內容。 | 團隊管理者經過評估後，認為適合被授權該項工作的人選。 | 根據事先劃分授權程度等級，確定授權的程度。 |
|---|---|---|
| 職權範圍內待授權的工作內容 | 被授權部屬人選 | 授權程度 |
| | | |
| | | |
| | | |

### 應用解析

┤ 工作授權程度分級 ├

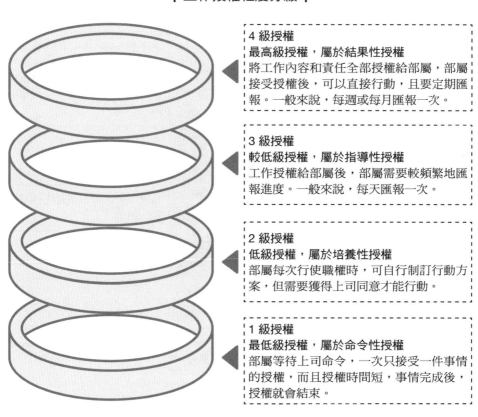

**4 級授權**
**最高級授權，屬於結果性授權**
將工作內容和責任全部授權給部屬，部屬
接受授權後，可以直接行動，且要定期匯
報。一般來說，每週或每月匯報一次。

**3 級授權**
**較低級授權，屬於指導性授權**
工作授權給部屬後，部屬需要較頻繁地匯
報進度。一般來說，每天匯報一次。

**2 級授權**
**低級授權，屬於培養性授權**
部屬每次行使職權時，可自行制訂行動方
案，但需要獲得上司同意才能行動。

**1 級授權**
**最低級授權，屬於命令性授權**
部屬等待上司命令，一次只接受一件事情
的授權，而且授權時間短，事情完成後，
授權就會結束。

### 溫暖提醒

　　不同的團隊可以根據實際情況，確定自己特有的授權等級規則。
當團隊管理者對部屬進行授權時，可以根據工作內容，選擇不同程度的
授權，也可以根據授權對象選擇授權程度，從較低級別的授權開始，隨
著部屬的能力成長，逐級提高授權級別。

# ▶▶▶ 3. 正式交辦前，透過面談3步驟妥善溝通

## 🔒 問題場景

明確適合授權的工作內容、人選和程度之後，可以開始授權了吧？

還不行，在授權之前還需要和部屬充分交流、溝通。和部屬溝通時，可能會發現他不願意接受，或是不了解這項工作。

如果部屬不願意接受該怎麼辦？

這就需要和他說清楚工作授權的利弊。

部屬接受之後，就可以直接把工作授權給他了嗎？

部屬如果接受，還需要向他詳細說明授權的**所有情況**。

## 問題拆解

在正式授權之前，授權只是管理者個人的想法。要落實這個想法，還需要和部屬面談。工作授權對部屬來說有利有弊，一方面被授權之後，責任增加、壓力變大。另一方面，部屬能為將來的晉升和發展，鍛鍊個人能力。有的授權能節省部屬做某些工作的時間，因為他可以直接做出決策，減少工作匯報消耗的時間。

🔑 實用工具

工具介紹

**授權前的面談3步驟**

授權前，管理者與部屬充分交流溝通的目的，主要有以下3個：

1. 判斷部屬是否願意接受，如果不願意，可互相交流意見。
2. 告知部屬做好授權工作需要了解的所有相關資訊。
3. 方便部屬妥善展開工作。

──┤ 工作授權前面談的 3 步驟 ├──

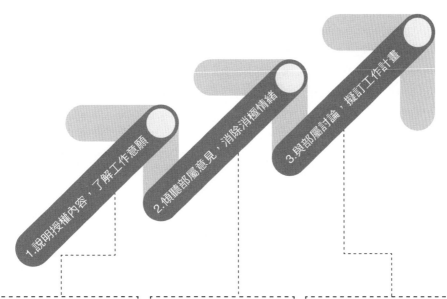

1.說明授權內容，了解工作意願

2.傾聽部屬意見，消除消極情緒

3.與部屬討論，擬訂工作計畫

**第1步**
主要從這項工作對團隊的意義及部屬個人好處2方面進行說明，讓部屬願意接受授權工作。

**第2步**
與部屬雙向溝通，了解部屬的疑慮，確認他對工作是否有誤解，幫助建立正確認知。

**第3步**
和部屬一起擬訂工作計畫。要考慮部屬當前的能力，不要揠苗助長。剛開始的進度可以比預期慢一點，因為品質比速度重要。

 **應用解析**

———————┤ 授權前的面談，有哪些主要內容？ ├———————

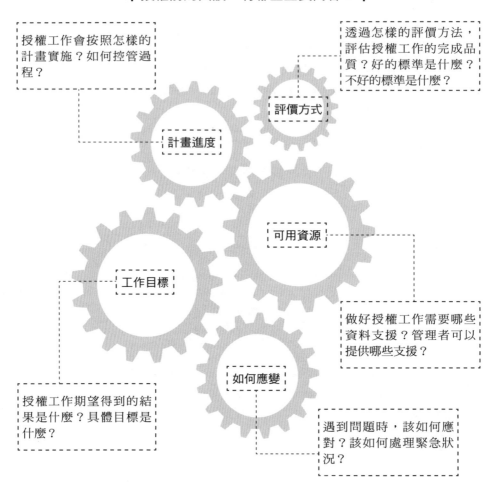

授權工作會按照怎樣的計畫實施？如何控管過程？

透過怎樣的評價方法，評估授權工作的完成品質？好的標準是什麼？不好的標準是什麼？

評價方式

計畫進度

可用資源

工作目標

做好授權工作需要哪些資料支援？管理者可以提供哪些支援？

如何應變

授權工作期望得到的結果是什麼？具體目標是什麼？

遇到問題時，該如何應對？該如何處理緊急狀況？

**溫暖提醒**

　　如果在充分交流之後，部屬仍然不願意接受授權工作，表示部屬可能不願意擔負更多責任，對於職位晉升和職業發展沒有興趣。這時管理者不需要強迫他，可以尋找下一個願意接受的部屬。

# 4-2
# 授權中放牛吃草是大忌，
# 需要控管執行狀況

　　管理者將工作授權給部屬之後，不代表可以輕鬆地翹著二郎腿休息。不過，管理者也不能過度關注部屬，否則跟沒有授權一樣。授權的目的是提高效率、培養能力，要實現有效授權，必須控管執行狀況。

## ▶▶▶ 1. 檢查工作會遇到4種狀況，改善方法有哪些？

🔒 問題場景

我曾想過要授權一部分工作，可是怕授權之後工作會變調，所以一直沒有實施。

授權不代表放任不管，即使對方是最信任的部屬，授權之後也要控制程序。

要怎麼控制程序？

除了等待部屬定期匯報之外，還要進行抽查。

該怎麼制訂抽查的頻率？

可以定期，也可以不定期。抽查時不僅要關注部屬的工作結果，還要注意過程。

也就是既要知其然，也要知其所以然對吧？

是的，可以這麼理解。授權的關鍵不是要部屬把所有事都做正確，而是按照正確的方式做事。

問題拆解

工作授權不是讓管理者放任不管，如果授權後不聞不問，很可能產生問題。即使對方是自己最信任的部屬，授權後也必須控制程序，並實施必要的檢查。

## 🔑 實用工具

### 工具介紹

**授權工作的檢查**

　　管理者授權給部屬的工作，要做到過程控管。檢查是較好的控管方式，可以定期，也可以不定期。

　　授權下去的工作難免需要部屬做關鍵決策，檢查授權工作時，可以把重點放在部屬的決策思考上。沒有人可以保證自己的決策毫無瑕疵，但是從決策的思考和過程，能夠看出部屬會不會做決策，也能看出部屬有沒有按照正確方式做事。

———┤ 檢查授權工作的重點示意圖 ├———

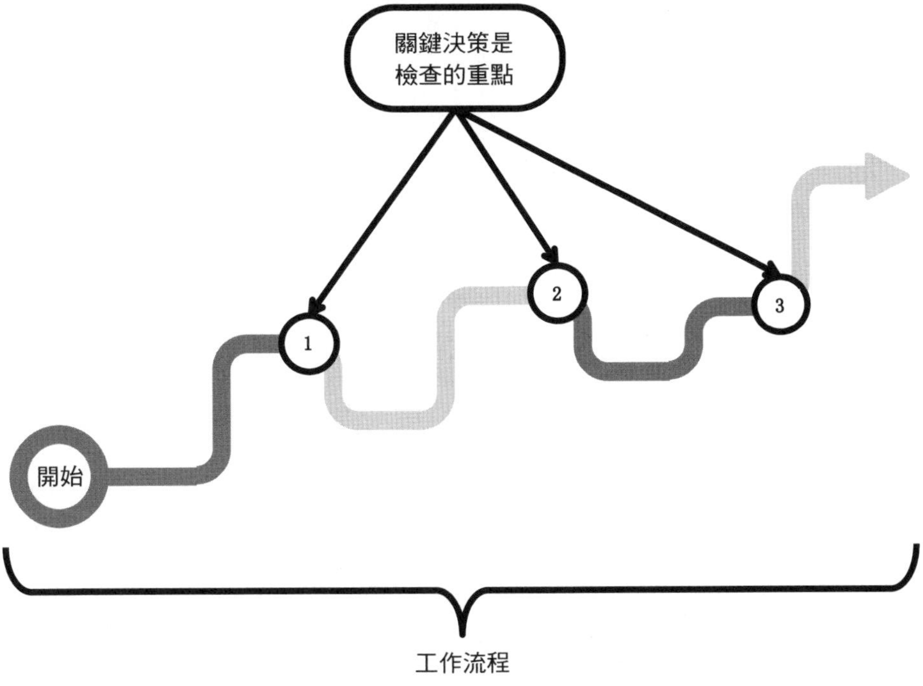

 應用解析

───┤ 檢查授權工作過程的 4 種情況 ├───

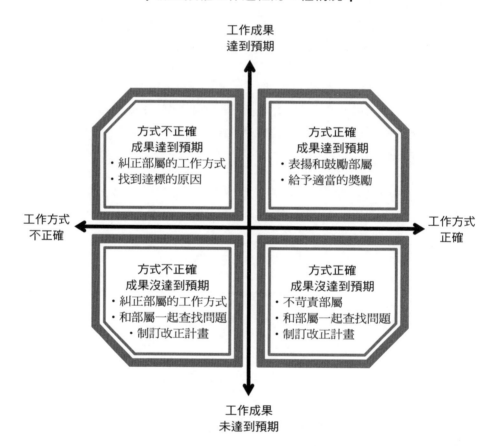

工作成果
達到預期

方式不正確
成果達到預期
・糾正部屬的工作方式
・找到達標的原因

方式正確
成果達到預期
・表揚和鼓勵部屬
・給予適當的獎勵

工作方式
不正確

工作方式
正確

方式不正確
成果沒達到預期
・糾正部屬的工作方式
・和部屬一起查找問題
・制訂改正計畫

方式正確
成果沒達到預期
・不苛責部屬
・和部屬一起查找問題
・制訂改正計畫

工作成果
未達到預期

**溫暖提醒**

　　檢查授權工作的關鍵是，部屬是否按照正確的方式做事。只要部屬按照正確的方式做事，哪怕成果有問題，也不應苛責部屬。如果部屬沒有按照正確方式做事，哪怕成果達到預期，也應及時糾正他的思考或行為，甚至可以在必要時，暫停授權或是將授權降級。

## ▶▶▶ 2. 利用目標進度分析表，確認是否達成預期目標

### 🔒 問題場景

上一節說的是過程，那麼對於專案類的授權工作，抽查時是否也要注意結果？

沒錯，專案類工作一般都有較明確的目標，所以抽查時也要注意結果有沒有達到預期目標。

預期目標是在授權前和部屬溝通時，就應該制訂的吧？

是的，預期目標可以分成兩種，一種是總目標，另一種是關鍵階段性目標。

關鍵階段性目標是什麼？

它是由總目標分解而來的目標，是完成總目標的關鍵節點。

怎麼評價階段性目標完成的品質？

除了部屬在工作中的表現之外，還可以從「是否在預期時間內完成」和「是否達到預期目標」兩個地方來評價。

### 問題拆解

　　控管授權工作的過程，除了關注部屬的工作方式之外，還需要評估階段性成果。某些專案類工作，對於目標的完成情況有更高的要求。

 溫暖管理課

## 實用工具

### 工具介紹

**授權工作結果品質評價**

　　控管授權工作的過程中,必須對階段性工作結果進行工作品質評價。工作結果品質評價可以分成兩部分,一是評價部屬的工作表現,二是評價部屬的工作目標。

　　工作表現包括態度、積極程度、責任感等。不同的工作目標有不同的要求,有的在數量、速度、品質和成本等方面都有要求,有的則在其中的某一個或某幾個方面有要求。

──────┤ 授權工作結果品質評價的維度示意圖 ├──────

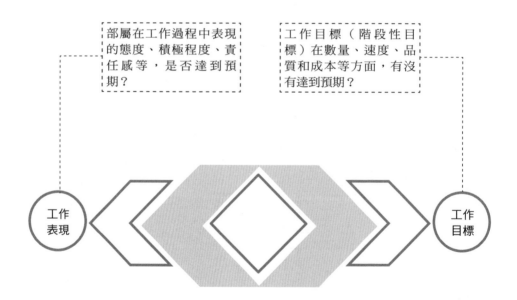

部屬在工作過程中表現的態度、積極程度、責任感等,是否達到預期?

工作目標(階段性目標)在數量、速度、品質和成本等方面,有沒有達到預期?

工作表現

工作目標

## 應用解析

──────── ┤ 授權工作目標進度分析表 ├ ────────

| | | | |
|---|---|---|---|
| 總目標1預期 | | 總目標2預期 | |
| 總目標1結果 | | 總目標2結果 | |
| 關鍵階段性目標1.1<br>預期 | | 關鍵階段性目標2.1<br>預期 | |
| 關鍵階段性目標1.1<br>結果 | | 關鍵階段性目標2.1<br>結果 | |
| 完成時間 | | 完成時間 | |
| 被授權人 | | 被授權人 | |
| 情況評估 | | 情況評估 | |
| 下一步對策 | | 下一步對策 | |
| 關鍵階段性目標1.2<br>預期 | | 關鍵階段性目標2.2<br>預期 | |
| 關鍵階段性目標1.2<br>結果 | | 關鍵階段性目標2.2<br>結果 | |
| 完成時間 | | 完成時間 | |
| 被授權人 | | 被授權人 | |
| 情況評估 | | 情況評估 | |
| 下一步對策 | | 下一步對策 | |

### 溫暖提醒

　　預期目標可以分成兩種：總目標、關鍵階段性目標。關鍵階段性目標是由總目標分解而來，是完成總目標的關鍵節點。一般來說，一個總目標之下有幾個關鍵階段性目標。

### ▶▶▶ 3. 釐清實際與預期的差異,再擬訂改進計畫

🔒 問題場景

我本來在評價工作品質方面做得不好,現在學會了,以後能做好授權了!

評價工作品質固然重要,但接下來的分析和改進更加重要。

是針對工作的實際品質與預期差異的分析和改進嗎?具體要怎麼做呢?

沒錯,有了分析和改進才會提高品質。簡單來説,就是和部屬一起分析工作品質出現差異的原因,然後制訂改進計畫。

有沒有需要注意的地方?

評價工作品質要客觀、分析要全面且深入、改進計畫要詳實,不要只是做做樣子。

問題拆解

　　工作品質出現差異,管理者要做的不是責怪部屬,而是一起找出原因與對策。如果不分析品質出現差異的原因,也不做改進計畫,部屬就找不到問題的根本原因,那麼被授權的工作很可能依然做得不好。

## 實用工具

### 工具介紹

**工作品質差異分析工具表**

　　控管授權工作的過程中，不僅要找出工作的實際品質與預期品質之間的差異，還要找到工作品質存在差異的原因，再根據原因制訂具體的改進計畫。要全面、徹底地分析品質存在差異的原因，涵蓋能找到的全部資訊。在改進計畫中，可視需求修改目標，也可重新設立，而且其中應包含制訂計畫的要素。

┤ 工作品質差異分析工具表 ├

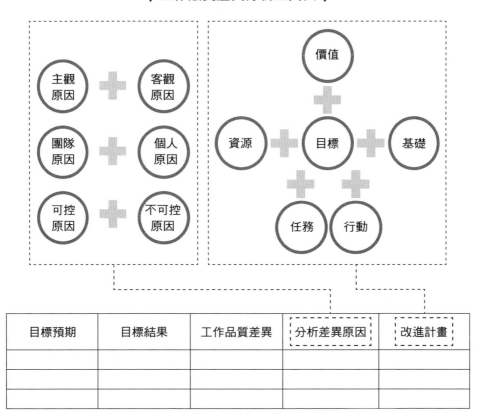

| 目標預期 | 目標結果 | 工作品質差異 | 分析差異原因 | 改進計畫 |
|---|---|---|---|---|
|  |  |  |  |  |
|  |  |  |  |  |
|  |  |  |  |  |

 應用解析

── 管理者在工作品質評價中的常見問題 ──

**暈輪效應**

管理者以偏概全,因為部屬某次或某幾次的工作成果,就誤把那時的印象當成現在工作的評價。

**近因誤差**

把近期的評價當成全部評價。例如:部屬剛開始表現良好,但近期表現低於預期,因此管理者給予整體較低評價。

**倒推傾向**

參照以往表現而產生過高或過低的預期。例如:部屬以往表現很好,便認為授權後也應表現很好。若沒達到預期,管理者可能提出低於客觀情況的評價。

**感情效應**

評價部屬時,非理性因素過多會使結果受到影響。例如:管理者與某部屬交情好,該部屬表現雖然沒達到預期,卻得到較高評價。

**溫暖提醒**

　　許多團隊都有授權發生問題、執行不下去的情況,原因正是工作品質評價的環節出問題。工作品質評價如果不客觀,將直接影響整個團隊的氛圍和工作效果,也會影響部屬對自身的評價,甚至影響團隊或部屬的經濟利益,使內部產生難以調和的矛盾。

# 4-3

# 授權後及時發現問題，
# 能確實提高工作成效

工作授權有品質之分，評估授權後的工作不僅能了解授權行為的品質，還能掌握工作的執行品質。這既有助於管理者改進工作，又可以及時發現問題，藉此提高工作品質。

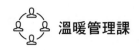 

# ▶▶▶ 1. 評估授權結果時，要從客觀和主觀的視角切入

🔒 **問題場景**

我還是擔心把工作授權給部屬後，他們會做得不好。因為我看到別的管理者授權之後，部屬完成的品質不高，甚至完成得比較差。

這樣的心態不太好。授權時，我們要留給部屬一定的空間，甚至允許他們犯錯。

留給部屬空間是指，要在評價工作時降低要求嗎？

不用降低客觀評價的要求，但可以視情況在主觀評價上做調整。

看來我不能太苛刻，否則他們永遠學不會授權。

沒錯，要做好工作授權，要有一顆包容的心。

**問題拆解**

俗話說：「金無足赤，人無完人。」若總是抱著追求完美的心態，去要求和評價授權給部屬的工作，最後可能沒有一項工作能被授權。這也是許多管理者不願意授權的原因，他們只要發現授權給部屬的工作出現一絲問題，就會後悔授權給部屬。實際上對部屬來說，很多授權工作是新的內容，一開始無法達到要求是正常現象。

**實用工具**

**工具介紹**

**授權結果的客觀評價和主觀評價**

　　客觀評價是指，對部屬的工作結果做出公正的評價。主觀評價是指，對部屬工作過程中的表現做出評價。客觀評價較固定，不應隨意改變。主觀評價較靈活，可以根據實際情況適度調整。

　　一昧遵循和強調客觀評價，不一定非常準確。只遵循主觀評價，不參考客觀評價也同樣有問題。應靈活運用客觀評價和主觀評價，使它們同時發揮作用，如果部屬的實際工作表現較差，即使結果很好，能從客觀上得到較高評價，管理者仍可以在主觀上給予較低評價。

**┤ 授權結果的客觀評價和主觀評價示意圖 ├**

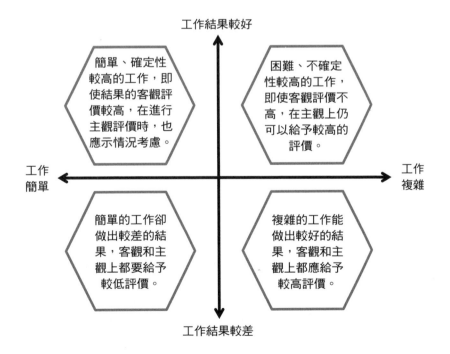

 **應用解析**

───┤ 常見的授權失敗 4 類型 ├───

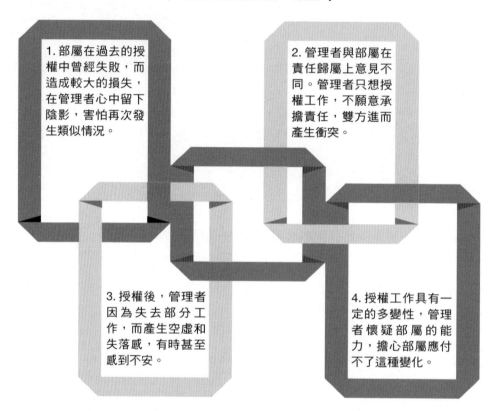

1. 部屬在過去的授權中曾經失敗，而造成較大的損失，在管理者心中留下陰影，害怕再次發生類似情況。

2. 管理者與部屬在責任歸屬上意見不同。管理者只想授權工作，不願意承擔責任，雙方進而產生衝突。

3. 授權後，管理者因為失去部分工作，而產生空虛和失落感，有時甚至感到不安。

4. 授權工作具有一定的多變性，管理者懷疑部屬的能力，擔心部屬應付不了這種變化。

**溫暖提醒**

　　管理者對於授權的認識和心態，在很大程度上決定授權能否發揮作用。不願意授權的管理者，可從以下3方面入手：

　　1. 不一定要授權大事，可以由小到大，先從小事開始。

　　2. 提前規範授權的權責劃分和限度，提前設計規則。

　　3. 可以把工作授權與部屬的職業發展和個人成長連結。這樣既有利於團隊，也有利於部屬個人。

## ▶▶▶ 2. 工作出問題，不是先從部屬身上找原因，而要⋯⋯

🔒 問題場景

當我發現工作結果出問題時，要幫助部屬從他身上找出原因嗎？

發現問題時，其實不應該先從部屬身上找原因，而是先從環境層面尋找，再從員工的個人層面查找。

為什麼呢？

根據吉爾伯特（Thomas F. Gilbert）的結論，環境因素影響績效的占比為75％，個體因素的占比為25％。

我平時幾乎把所有注意力都放在部屬身上，想要改變他們，原來改變環境的效果可能更顯著！

沒錯，發現問題時，不要第一時間責怪部屬，可以按照**「先環境，再個人」**、**「先客觀，再主觀」**、**「先主要，再次要」**的順序去查找和分析問題。

問題拆解

　　很多管理者只要發現工作出問題，就認為是部屬的問題，總是第一時間責怪部屬。實際上，工作達不到預期結果，不只是部屬自身的原因，還可能是環境因素所造成。管理者應先從環境層面入手查找問題。

171

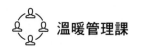 

### 🗝 實用工具

#### 工具介紹

**吉爾伯特行為工程模型**

　　吉爾伯特行為工程模型（Gilbert's Behavioral Engineering Model，簡稱Gilbert's BEM），把影響組織績效的因素分成兩類，一是環境因素，二是個體因素。環境因素主要來自於組織內部或外部，而個體因素來自於個人。根據吉爾伯特行為工程模型的結論，影響績效的主因是環境因素，總占比為75%，而個體因素的占比僅25%。

───────┤ 影響績效因素的專案分類及比例關係 ├───────

這裡指資訊的通暢程度，包括清晰的工作標準和目標、明確且及時的回饋，以及立刻獲取所需資訊。

部屬能夠獲取的資源條件，包括工具、系統、流程、易於查閱的參考手冊、充足的時間、專家支持，以及充足又安全的附屬設施。

可分為經濟性和非經濟性，包括有形和無形的獎勵，例如：對部屬的認同、可獲得的晉升或處罰等。它針對的是團隊中的所有人。

| 環境因素 75% | 分類 | 訊息 | 資源 | 獎勵／後續結果 |
|---|---|---|---|---|
| | 影響 | 35% | 26% | 14% |
| 個體因素 25% | 分類 | 知識／技能 | 素質 | 動機 |
| | 影響 | 11% | 8% | 6% |

透過各種職業技能培訓，讓部屬獲取能勝任本職工作的知識和技能。

包括部屬的個人特點、行為偏向、生理特質、心理或情緒特質，以及由生活方式、環境等因素造成的個人認知和習慣上的局限程度。

部屬的價值認知、工作信心、情緒偏向，以及能夠被環境、文化等因素引發的其他主觀情緒和能動性變化。

 應用解析

──┤ 吉爾伯特行為工程模型應用案例 ├──

某客運公司曾遇到一個嚴重問題：售票員的售票速度太慢，每到月初或月底，售票窗口都會大排長龍，而且售票員經常出錯。這些事引起顧客大量投訴。

這家公司有400多個售票員，絕大部分是以前的公車司機，他們由於年齡偏大、健康狀況不佳，無法再開公車。這些售票員的職位是公司為了照顧他們而特意安排。該公司曾經為此組織大量的內部培訓，教這些售票員如何準確、快速地賣票及服務顧客，但培訓完成之後，情況沒有明顯改善。公司認為是組織培訓的方式或內容有問題。無奈之下，公司只好找來一位人力資源諮詢專家，想讓這位專家開發一套培訓體系或制訂新的培訓計畫，好好培訓這些售票員。

所有售票員的速度都很慢嗎？有誰做得比較好嗎？

大部分都很慢，到是有一個車站做得不錯，基本上沒有被投訴過。

人力資源專家　　公司經理

專家來到這個車站，發現該車站的售票員速度果然很快。不論乘客買什麼票，他都能馬上算出價格。專家走近觀察後，發現售票員的秘密：原來售票員在工作台上放著一張硬紙板，上面有一張手繪表格，表格如下。

──────┤ 吉爾伯特行為工程模型應用案例 ├──────

| | | 普通票數 | | | | | | | | |
|---|---|---|---|---|---|---|---|---|---|---|
| | | 0 | 1 | 2 | 3 | 4 | 5 | 6 | 7 | 8 |
| 優惠票數 | 0 | 0 | 42 | 84 | 126 | 168 | 210 | 252 | 294 | 336 |
| | 1 | 26 | 68 | 110 | 152 | 194 | 236 | 278 | 320 | 365 |
| | 2 | 52 | 94 | 136 | 178 | 220 | 262 | 304 | 346 | 388 |
| | 3 | 78 | 120 | 162 | 204 | 246 | 288 | 330 | 372 | 414 |
| | 4 | 104 | 146 | 188 | 230 | 272 | 314 | 356 | 398 | 440 |

這張表格頂端的橫向，代表普通票價的購票數量，左端縱向代表優惠票的購票數量，表格裡每一格代表買X張正常票，Y張優惠票的價格。
原來這件事可以如此簡單地解決。這個工具後來被印刷成彩色版本，發給每個車站。然後，專家把使用方法告訴所有售票員。最終，解決這個問題只花了500美元的材料費，僅用幾天的時間指導，就讓售票速度整體提升70%。而且從此以後，售票員的出錯率幾乎為零。

**溫暖提醒**

多數管理者最常做的，就是為了改善某個部屬的工作狀況，堅持不懈地想辦法診斷和改變部屬，卻沒有從環境層面，以及資訊、資源、獎勵、後續結果，以及組織、流程、規範等層面，去診斷和發現問題。實際上，改變環境對團隊來說往往成本更低，效果也更好。

## ▶▶▶ 3. 運用結果評估回饋表，依據5階段逐步精進

🔒 問題場景

查找完環境因素之後，如果發現問題出在部屬身上，就可以讓他改進了嗎？

是的，在改進前，最好先和部屬一起做總結。首先根據情況分析，總結出問題點，明確問題究竟在哪裡，然後總結最佳的解決方案。

這樣就可以了嗎？

還沒結束，接下來可以一起總結他的優點和缺點，並一起制訂下一步計畫。

如果部屬做得不好，可以懲罰嗎？

如果不是特殊情況，最好不要懲罰，而是以鼓勵為主。

問題拆解

　　把工作授權給部屬，一方面是讓團隊工作更高效，另一方面是鍛鍊部屬能力。因此，發現部屬在授權工作上出錯時，應以培養和引導為主，不必過分聚焦和強調部屬的錯誤。若不是故意犯錯，就要謹慎批評。若沒有違反職位職責或公司規章制度等特殊情況，就要謹慎懲罰。

## 🔑 實用工具

### 工具介紹

**改進工作的5階段**

　　部屬工作出問題時，管理者可以按照5階段來查找、分析、解決問題，防止問題再次出現。這5階段分別是：分析情況、最佳實踐、萃取經驗、形成工具、完成目標。

　　上述階段參照吉爾伯特行為工程模型的原理，在定義問題之後，首先總結出優秀經驗，再藉由推廣優秀經驗來改進績效。

┤ 改進工作的 5 階段 ├

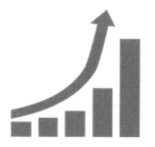

**分析情況**
對現在的問題做詳細的分析，而不是盲目採取行動。

**最佳實踐**
尋找最佳實踐，找到做得最好的人或案例。

**萃取經驗**
研究這個案例為何做得好？案例中採取什麼方法？秘訣是什麼？

**形成工具**
把這個方法和秘訣提煉出來，變成其他人能夠學習的工具或範本。

**完成目標**
應用工具或範本的過程中，若遇到問題，要不斷修正，直到最終完成目標。

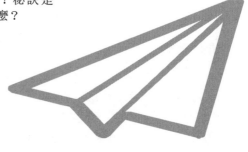

## 應用解析

### ┤ 授權工作結果評估回饋表 ├

| 被授權人姓名 | 被授權工作內容 | | 承諾目標 | |
|---|---|---|---|---|
| | | | | |
| 授權人姓名 | | | | |
| | | | | |
| 被授權人從事工作的優勢和不足 | | | | |
| 原因分析與改進措施 | | | | |
| 授權人對被授權人的指導 | | | | |
| 行動改進計畫 | | | | |
| 改進的具體目標 | | | | |
| 目標類 | 具體目標 | 目標結果 | 衡量標準 | 考核權重 |
| 業績目標 | | | | |
| | | | | |
| | | | | |
| 能力目標 | | | | |
| | | | | |
| | | | | |
| 行為目標 | | | | |
| | | | | |
| | | | | |
| 行動改進計畫完成時間 | | | | |
| 被授權人簽字：　　　　　　　　　　　　日期： | | | | |
| | | | | |
| 授權人簽字：　　　　　　　　　　　　　日期： | | | | |

**溫暖提醒**

　　授權工作結果評估回饋表，是管理者和部屬對授權工作的總結。不一定要等到授權工作完全結束後，才能使用這個回饋表，在控管授權工作的實施過程時，同樣可以應用。把授權工作的過程評估和結果評估結合在一起，更能把握控制整體授權工作。

### ▶▶▶ 筆記

# 第 5 章

# 針對新人、老手與接班人，
# 該怎麼栽培？

團隊裡的部屬能力差，新員工也成長得很慢，沒有人可以讓我放心。

部屬能力提高了，工作效率自然會增加。

可是什麼時候才能提高能力？

也許你平時應該多培養部屬。

這方面我確實做得不夠，但是要怎麼培養？

我們分別從培養新員工、資深員工和接班人3方面來探討。

# 5-1

# 用3方法訓練新手，
# 快速融入團隊執行工作

---

　　培養新員工是為了讓新人全方位了解團隊情況、認同並融入團隊、堅定職業選擇、理解並接受團隊規章制度及行為規範的關鍵。有效培養新員工，能讓他明確自己的工作目標和職位職責，掌握工作的流程和方法，盡快進入工作角色。

## ▶▶▶ 1. 在培養過程中導入清單，能避免遺漏又提升效果

🔒 問題場景

我一直覺得自己在培訓新員工方面存在問題。

你現在是怎麼做的？

我會告訴他部門的情況，替他安排一個職位，然後開始上班。

最近新員工的到職和離職情況怎麼樣？

最近3個月內有5位到職，但有4位離職，現在公司還在招聘。最近的年輕人都沒有吃苦耐勞的能耐，經常工作沒幾天就離開了。

當你做好新員工的培訓之後，這種情況或許會大幅改善。

其實我心裡隱約知道可能會這樣，但是培養新人好麻煩，我也經常忘記，所以漸漸地任由他們自然成長。

有個能防止遺漏的方法，叫作清單式培養法。你可以把重點專案及需要培養的能力，全部列在清單上。

問題拆解

　　許多管理者因為新員工頻繁離職，而認為他們遲早都會離開，不如等到穩定下來再培養。實際上，就是因為沒有好好培養新員工，他們才會離職。畢竟，培養本身就是留住新員工的有效方式。

**🔑 實用工具**

**工具介紹**

**清單式培養法**

　　團隊管理者可以把重點專案和需要培養的能力，全部列在清單中。如此一來，以後不論新員工有多少人，不論是由管理者還是其他員工培養，都不會不小心遺忘。這樣新員工會有較好的體驗，而且培養效果會很好。

─────┤ 團隊管理者必須為新員工做的 N 件事清單 ├─────

| 序號 | 事項 | 完成時間 | 管理者簽字 | 新員工簽字 |
|---|---|---|---|---|
| 1 | 互相做自我介紹 | | | |
| 2 | 與新員工進行一次交流，了解他的基本情況 | | | |
| 3 | 介紹新員工給部門的其他人，並向新員工介紹其他人 | | | |
| 4 | 帶領新員工熟悉辦公環境和其他部門的情況 | | | |
| 5 | 帶新員工去餐廳吃午餐 | | | |
| 6 | 教新員工使用辦公系統 | | | |
| 7 | 與新員工一起制訂學習計畫 | | | |
| 8 | 示範或講解某項工作，並帶他參觀廠房 | | | |
| 9 | 讓新員工動手做一件事情，並給予指導 | | | |
| 10 | 讓新員工布置一項稍有難度的任務 | | | |
| 11 | 檢查新員工每週的工作，並提供建議 | | | |
| 12 | 每月對新員工的表現進行書面總結 | | | |
| 13 | 每月與新員工一起討論學習計畫的完成情況 | | | |
| 14 | 每月與新員工談心一次 | | | |
| 15 | 幫忙解決一項工作中遇到的困難 | | | |
| 16 | 幫忙解決一項工作之外的困難 | | | |
| 17 | 表揚並鼓勵新員工一次 | | | |
| | …… | | | |

 溫暖管理課

 應用解析

──────┤ 清單式培養法舉例 ├──────

以下表格是某零售公司客服職位的新員工學習清單，內容如下所示。

| 序號 | 學習內容 | 學習要點 | 參考學習天數 | 學習起止時間 | 管理者簽字 | 新員工簽字 |
|------|----------|----------|--------------|--------------|------------|------------|
| 1 | 員工規章制度獎懲條例 | 1.工作紀律（出勤、禁止行為、上下班、顧客接待等）；2.做哪些事情會被獎勵；3.調動管理；4.處罰制度；5.違紀行為；6.款項管理規定 | 1 | | | |
| 2 | 服務禮儀 | 以禮待客，微笑服務 | 3 | | | |
| 3 | 職務職責 | 詳見《客服職務職責》 | 2 | | | |
| 4 | 衛生清潔標準 | 1.客服櫃台的衛生標準；2.監督考核、檢查規範 | 2 | | | |
| 5 | 安全注意事項 | 1.人身安全；2.消防安全；3.防盜安全；4.物品安全 | 2 | | | |
| 6 | 熟悉櫃組和商品 | 1.掌握賣場櫃組分類、分布；2.熟知各櫃組經營商品類別 | 5 | | | |
| 7 | 置物櫃管理 | 1.營業前打開電源，檢查是否可用；2.清理紙屑；3.更換列印紙；4.清理空櫃，整理顧客遺留物；5.故障處理 | 5 | | | |
| 8 | 廣播和電子螢幕 | 1.根據季節、節慶、時段和客流情況，選擇合適的廣播形式和內容；2.幫顧客廣播找人、尋物等；3.播放設備的使用和保養；4.檢查電子螢幕的播放文字 | 7 | | | |
| 9 | 會員管理 | 1.招募會員；2.維護會員關係；3.定期追蹤會員、做行銷、開發客戶；4.做會員分析（銷售占比、客流、客單）回饋給店長；5.向顧客傳遞促銷、贈品活動資訊；6.為顧客開發票；7.統計會員卡庫存量，做好物料準備；8.維護會員資料；9.登記會員卡遺失；10.月初做好會員資料分析，提升會員銷售占比。 | 5 | | | |

| 序號 | 學習內容 | 學習要點 | 參考學習天數 | 學習起止時間 | 管理者簽字 | 新員工簽字 |
|------|----------|----------|--------------|--------------|------------|------------|
| 10 | 儲值卡 | 1.銷售和辦理貴賓卡（售卡、延期、換卡、儲值等）；2.核對帳務；3.回收無金額的儲值卡。 | 5 | | | |
| 11 | 贈品管理 | 1.發放贈品；2.清點庫存；3.核對發放資料。 | 5 | | | |
| 12 | 客訴和退、換貨 | 1.負責處理顧客投訴和接待、諮詢工作；2.整理上個月的顧客意見；3.退換貨顧客接待和指引；4.異常退貨及時回饋。 | 7 | | | |
| 13 | 公共關係 | 1.對內（①物流 ②公司各部門、店部、櫃組等）；2.對外（①維護顧客關係 ②聯繫和接待團購、大客戶等） | 7 | | | |
| 14 | 時間管理 | 管理好自己的時間，合理利用每一分鐘，提高工作效率 | 2 | | | |

### 溫暖提醒

　　新員工到職後，可以列印兩份清單表格，分別給管理者和新員工各一份。完成清單表格中的任一項後，由管理者和新員工分別在表格中簽字。特別注意，必須在實際完成每項內容後逐一簽字，不要一次簽很多項。管理者可以把完成該清單內容，設定為新員工轉正職的必備條件之一。

## ▶▶▶ 2. 說故事傳達理念與文化，讓新人發揮即戰力

🔒 問題場景

我不願意培養新人是因為公司有很多重要理念，即使告訴他們也很難理解。

的確，理念比較抽象，新人很難真正理解。

所以不如讓新人工作一段時間後，再告訴他這些理念。

若沒有正確傳授的方法，即使等一段時間再告訴他，對方依舊難以理解，不妨利用故事來傳達。

說故事給部屬聽嗎？

是的，只要如實講出團隊發生的經典故事，最後再說明需要新員工理解的理念和思維，就會比較容易理解。

問題拆解

　　很多公司的理念和文化，是長期發展、總結下來的。新員工到職後，若想快速融入團隊、做好工作，必須掌握這些理念和文化，按照團隊的要求做事。但新人沒有時間的積累，很難理解公司真正的內涵。這時候，管理者應該採取「說故事」的方式，讓部屬快速掌握公司或團隊的理念和文化。

## 🔑 實用工具

### 工具介紹

**說故事的方法**

團隊中的理念和文化，往往是以標語的形式存在，這些標語雖然有意義，但員工很難真正理解和體會。無法被理解的理念和文化，最終很難體現在部屬的行為上。這些難以傳承的理念和文化，可以用說故事的方式來傳達。透過講述一個個真實的故事，新員工便能快速理解其背後蘊含的精神與意義。

┤ 好故事的組成要素 ├

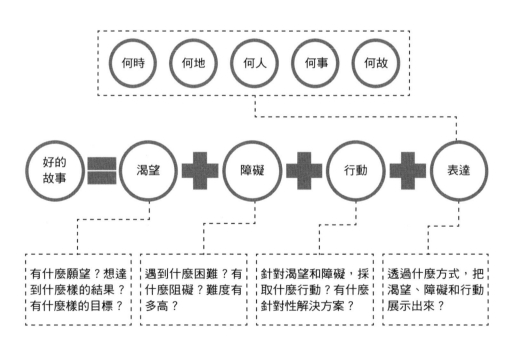

 應用解析

──────┤ 某公司在新員工培訓中，傳達理念時講述的故事 ├──────

> 國外有個零售公司的經營理念是顧客至上。為了貫徹這個理念，公司規定必須無條件退貨。然而，顧客至上、無條件退貨只停留在標語層面。在向新員工傳達這個理念時，他們向員工講一個故事：
> 這家公司的客服，曾接待一位想退掉雪地防滑鏈的客人。這個產品是下雨或下雪時，綁在汽車輪胎上用來防滑的金屬鏈。顧客來退貨時，冬天已經過了。這條雪地防滑鏈明顯已經用了很長一段時間。

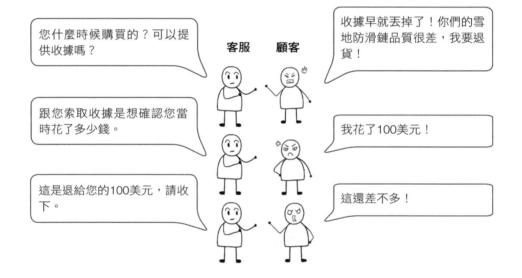

> 故事到這裡為止，已經傳達了無條件退貨的理念，許多零售公司為了提高服務品質，都做出像上述客服一樣的事，似乎沒什麼特別之處。但這不是這家公司無條件退貨的真正含義，我們接著看下去。
> 這家店其實不曾販賣雪地防滑鏈這類商品。也就是說，顧客退貨的商品根本不屬於這家店。這才是這家公司有別於其他公司無條件退貨的精神，也是這家公司顧客至上理念的真正含義。

**溫暖提醒**

　　理念和文化絕不是幾句簡單的標語就能明白，要讓新員工或部屬真正體會其中的含義，需要引入具體案例或故事來解釋、說明。這些案例或故事背後的精神，比起簡單的標語更讓人印象深刻，而且更容易讓人體會其中的深層含義。管理者可以藉由講述類似的真實案例或故事，讓新人快速理解，並傳承公司的理念和文化。

### ▶▶▶ 3. 大企業愛用師徒制，6步驟優化員工的知識與技能

🔒 問題場景

原來我對培養新人有很大的誤解，接下來一定要加強培養。不過，在培養新人能力方面上，有沒有好方法？

新人的能力主要是透過實戰獲得提升，而不是課堂學習，我建議可以安排一個師傅帶領他。

我也覺得師徒制不錯，可是團隊中很多資深員工不會帶新人，我自己又沒有精力親自指導。

帶人也是一種能力，平時要多培養資深員工這方面的能力。

身為師傅該怎麼教新人？

大致上是先由師傅做、新人看，接著兩人一起做，然後新人做、師傅看。最後，師傅再針對問題進行指導。

問題拆解

　　工作中需要的絕大部分知識和技能，都可以在日常工作中取得，集中培訓主要是對此補缺查漏，而轉化和內化知識技能的完整過程，則幾乎都發生在職位工作中。要保證部屬持續提升職位知識和技能，需要團隊建立師徒的管理機制。

## 🔑 實用工具

### 工具介紹

**師徒制**

師徒制是指由師傅向徒弟傳授技能的體制。在歐美企業中，這種模式也稱作導師制度（Mentoring）或教練制度（Coaching）。任何團隊都可以運用師徒制。在許多管理非常先進的大型企業中，師徒制還被當作提升員工能力的重要方式，受到企業各級管理者的高度重視。

┤ 師傅向徒弟傳授技能的 6 步驟 ├

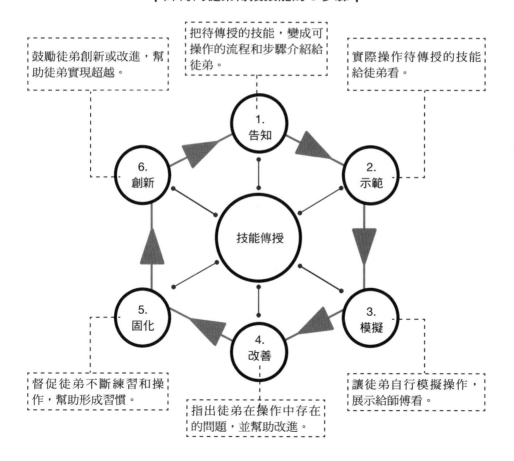

鼓勵徒弟創新或改進，幫助徒弟實現超越。

把待傳授的技能，變成可操作的流程和步驟介紹給徒弟。

實際操作待傳授的技能給徒弟看。

督促徒弟不斷練習和操作，幫助形成習慣。

指出徒弟在操作中存在的問題，並幫助改進。

讓徒弟自行模擬操作，展示給師傅看。

 應用解析

┤ 在團隊中實施師徒制的流程 ├

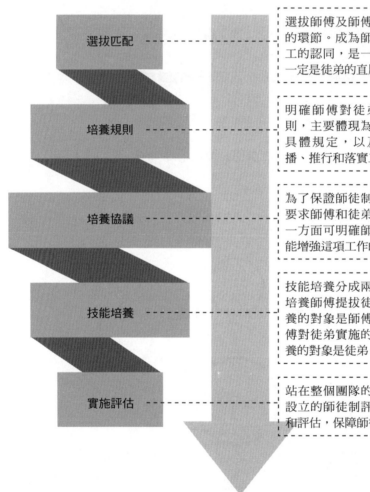

**選拔匹配** — 選拔師傅及師傅與徒弟進行匹配的環節。成為師傅是團隊對該員工的認同,是一種榮譽。師傅不一定是徒弟的直屬管理者。

**培養規則** — 明確師傅對徒弟的具體培養規則,主要體現為師徒制的流程和具體規定,以及在團隊內的傳播、推行和落實工作。

**培養協議** — 為了保證師徒制的推行和落實,要求師傅和徒弟簽訂培養協定。一方面可明確師徒關係,一方面能增強這項工作的重視程度。

**技能培養** — 技能培養分成兩方面,一方面是培養師傅提拔徒弟的技能,被培養的對象是師傅,另一方面是師傅對徒弟實施的技能培養,被培養的對象是徒弟。

**實施評估** — 站在整個團隊的角度,藉由預先設立的師徒制評估機制,來檢查和評估,保障師徒制有效運行。

温暖提醒

　　要真正落實師徒制,必須從流程和制度層面,解決師傅在培養徒弟過程中出現的「能不能」、「願不願意」和「會不會」三大問題。

# 5-2

# 資深員工經驗豐富，
# 更要引導他強化績效

資深員工雖然有豐富的經驗，但不代表他們有更強的能力、更好的績效或更大的價值。資深員工也需要培養，培養他們的成本比新員工還低，而且他們創造的價值很可能比新員工還要大。

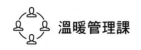

## ▶▶▶ 1. 老手不進步不學習？以3步驟、4方法讓他動起來

🔒 問題場景

團隊裡有幾個資深員工總是倚老賣老、自以為是，完全不想學習、進步。

你打算怎麼辦呢？

我想找個機會直接告訴他們，他們的技能和方法已經過時，如果再不上進，就只能被淘汰。

千萬不要這樣和資深員工談話，這樣不但無法發揮預期效果，還會造成反效果。不妨藉由引導，讓他們自己發現問題。

該如何引導呢？

可以讓他們自己發現問題，或者給予鼓勵，也可以不時運用正面激勵和負面激勵。

問題拆解

　　面對資深員工不學習、不成長的現象，管理者不適合直接表達不滿。這麼做不但不能解決問題，還可能引發負面情緒，甚至造成內部矛盾。對待這部分員工，可以從肯定、提醒和行動3方面激發他們的熱情，引導他們行動。

## 🔑 實用工具

### 工具介紹

**引導資深員工進步的方法**

資深員工因為經驗豐富，非常熟悉自己的工作，便形成舒適圈。在舒適圈待久了，主動學習的意願會逐漸變弱。長時間下來，這些資深員工雖然經驗增長，能力卻越來越弱。他們的學習與成長，需要管理者釋出善意來引導。管理者可以從表達認同、做出提醒、制訂方案3方面，引導他們進步。

### ┤ 引導資深員工進步的 3 步驟 ├

肯定資深員工曾經做出的貢獻。要尊重、承認資深員工做出的成績，並且給予他們應有的肯定。

做出肯定的評價之後，提醒他們當前的工作需要什麼工作技能和方法。提醒時，不應把注意力放在他們原來的方法上，而是放在工作的績效結果上。他們的績效不僅影響團隊的業績，還影響個人的獎金和晉升。

和他們一起制訂行動方案時，可以引導他們學習新技能和方法，讓他們意識到只要學習新技能和新方法，就能獲得更好的績效，進而獲得更豐厚的物質和精神獎勵。

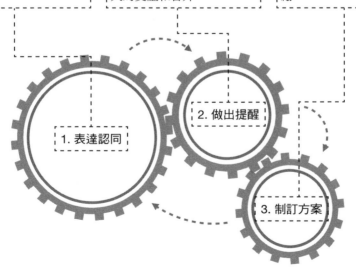

1. 表達認同
2. 做出提醒
3. 制訂方案

 溫暖管理課

 應用解析

─────────┤ 激發資深員工學習動力的 4 種方法 ├─────────

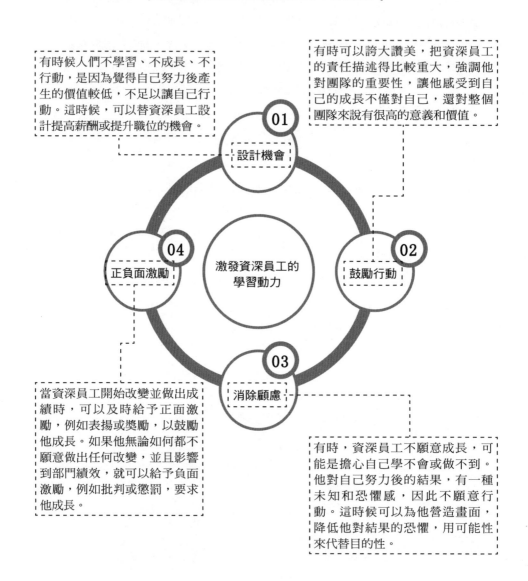

有時候人們不學習、不成長、不行動，是因為覺得自己努力後產生的價值較低，不足以讓自己行動。這時候，可以替資深員工設計提高薪酬或提升職位的機會。

有時可以誇大讚美，把資深員工的責任描述得比較重大，強調他對團隊的重要性，讓他感受到自己的成長不僅對自己，還對整個團隊來說有很高的意義和價值。

01 設計機會

04 正負面激勵

激發資深員工的學習動力

02 鼓勵行動

03 消除顧慮

當資深員工開始改變並做出成績時，可以及時給予正面激勵，例如表揚或獎勵，以鼓勵他成長。如果他無論如何都不願意做出任何改變，並且影響到部門績效，就可以給予負面激勵，例如批判或懲罰，要求他成長。

有時，資深員工不願意成長，可能是擔心自己學不會或做不到。他對自己努力後的結果，有一種未知和恐懼感，因此不願意行動。這時候可以為他營造畫面，降低他對結果的恐懼，用可能性來代替目的性。

**溫暖提醒**

　　學習和成長的動力，與人的主觀意願有關，尤其對於已經擁有較深的職位認知，以及職場經驗的資深員工來說更是如此。如果資深員工明明知道有問題，卻不願意學習、成長，管理者便可以採取某些方式來激發他的動力。

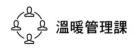
## ▶▶▶ 2. 為了防止人才斷層，如何協助員工做職涯規劃？

🔒 **問題場景**

我發現最近團隊有「好員工留不住、壞員工趕不走」的問題。有好幾個優秀的資深員工離職，給團隊造成嚴重損失。

有沒有問過他們為何離職？

他們都說是家庭原因，後來聽其他員工說，是因為在這裡沒有發展前景才離職。

看來主要是職業發展問題。

我該怎麼辦？

你可以試著和員工一起設計職業生涯規劃。

**問題拆解**

　　和一般人相比，優秀人才能夠獲得更好的發展機會，因此團隊特別容易流失優秀人才。由於流失優秀人才會造成人才斷層的問題，管理者與其讓他們在外部尋找發展機會，不如在內部提供發展機會，幫助他們進行職業生涯規劃。

## 🔑 實用工具

### 工具介紹

**職業生涯發展的4個時期**

一個人的職業生涯通常可分成4個發展階段：

1. 30歲以前是尋覓期，屬於人生初期的職業生涯階段。
2. 30～45歲是立業期，屬於人生中期的職業生涯發展階段。
3. 45～65歲是守業期，屬於人生後期的職業生涯發展階段。
4. 65歲以上是衰退期，屬於人生末期的職業生涯引退階段。

幫助部屬做職業生涯規劃時，應根據其所處職業階段靈活設計。

┨ 職業生涯發展的 4 個時期 ┠

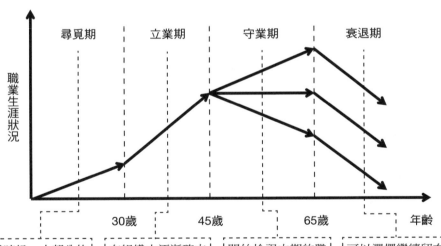

| 尋覓期 | 立業期 | 守業期 | 衰退期 |
| --- | --- | --- | --- |
| 這時候，大部分的人不知道自己想要什麼，也不知道自己適合什麼。人們在這個階段逐漸了解和接觸各類職業，並逐漸找到適合的職業或組織。 | 在組織中逐漸確立自己的位置，明確自身發展方向，並沿著此方向發展。在這個時期，人們的事業會比前一個時期更快速發展。 | 開始檢視中期的職業發展，並面臨未來職業生涯選擇。可選擇繼續維持現有成就，也可選擇繼續成長，發展自己的事業，或選擇職業衰退。 | 可以選擇繼續留在組織中提供貢獻，維護自己在組織中的自我價值，也可以選擇退休，離開職場，開始自己的新生活。 |

 應用解析

─────┤ 職業發展的 4 條路線 ├─────

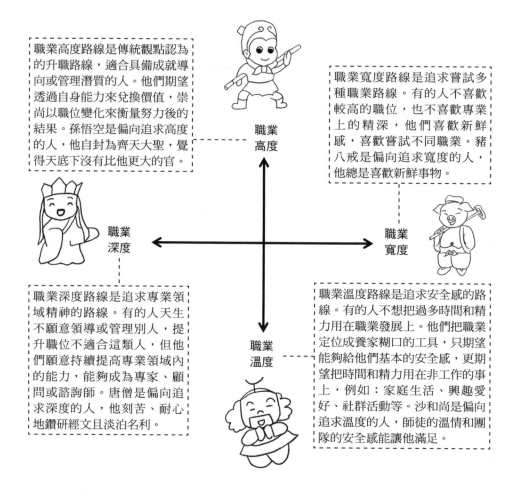

職業高度路線是傳統觀點認為的升職路線，適合具備成就導向或管理潛質的人。他們期望透過自身能力來兌換價值，崇尚以職位變化來衡量努力後的結果。孫悟空是偏向追求高度的人，他自封為齊天大聖，覺得天底下沒有比他更大的官。

職業寬度路線是追求嘗試多種職業路線。有的人不喜歡較高的職位，也不喜歡專業上的精深，他們喜歡新鮮感，喜歡嘗試不同職業。豬八戒是偏向追求寬度的人，他總是喜歡新鮮事物。

職業深度路線是追求專業領域精神的路線。有的人天生不願意領導或管理別人，提升職位不適合這類人，但他們願意持續提高專業領域內的能力，能夠成為專家、顧問或諮詢師。唐僧是偏向追求深度的人，他刻苦、耐心地鑽研經文且淡泊名利。

職業溫度路線是追求安全感的路線。有的人不想把過多時間和精力用在職業發展上。他們把職業定位成養家糊口的工具，只期望能夠給他們基本的安全感，更期望把時間和精力用在非工作的事上，例如：家庭生活、興趣愛好、社群活動等。沙和尚是偏向追求溫度的人，師徒的溫情和團隊的安全感能讓他滿足。

職業高度

職業深度

職業寬度

職業溫度

**溫暖提醒**

　　很多人認為職業發展只有升職加薪這個方向，其實職業發展的方向非常廣泛。管理者替部屬設計職業發展或轉換方向時，要注意部屬的訴求，而且要有針對性地提供指導和建議。

## ▶▶▶ 3. 升遷管道這樣設立，滿足人才的成長欲望

🔒 問題場景

和資深員工一起設計職業生涯規劃後，他們的離職率就會大幅降低嗎？

不一定，團隊還需要一條通暢的職業發展管道，來支持職業生涯發展規劃。

我們公司目前不像大公司那樣，有專業的職業發展管道，這樣就沒辦法進行職業生涯規劃了嗎？

職業發展管道其實是職業發展的規則，它的關鍵不在於好不好，而在於有沒有。

員工首先關心的是有沒有發展，其次才是滿不滿意。小團隊的發展管道也許沒有大公司的規模，但只要規則清晰、路線通暢、有吸引力，一樣有很好的效果。

什麼意思？

問題拆解

有的團隊管理者嘴上和員工談職業發展，實際上公司內部根本沒有支援員工職業發展的規則和機制。員工看不到希望，最終還是會選擇離開。要建立職業發展管道，首先追求的不該是大而全，而是得到團隊成員的普遍認同。只要團隊成員認同，大家看得到希望，就是有效的職業發展管道。

## 🔑 實用工具

### 工具介紹

**職業發展管道**

　　團隊能吸引並留住員工的關鍵，是能夠為員工創造職業發展的環境和條件，使員工在獲得物質回報的同時，還能擁有良好的發展機會，滿足自我實現需求。常見的職業發展管道可分成4類：管理類管道適用於各類人員；業務類管道適用於從事市場銷售的人員；技術類管道適用於從事技術工作的人員；操作類管道適用於生產線的人員。

　　團隊可以根據通用的職業發展管道，設計適合自己的職業管道。在設計職業發展管道時，要注意以下2個問題：

　　1. 條件和標準要明確，避免出現模稜兩可的情況。

　　2. 條件和標準要符合企業的實際情況。

──┤ 職業發展管道示意圖 ├──

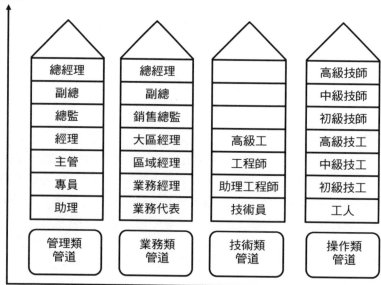

 應用解析

── 某大型互聯網公司的職業發展體系案例 ──

某大型互聯網公司的職業發展管道設置，是建立在職位類別的基礎上。該公司職位分為管理、市場、專業、技術、產品及專案等類別。

| 技術族 | 專業族 | 管理族 | 市場族 | 產品／項目族 |
|---|---|---|---|---|
| 軟體研發類<br>品質管制類<br>技術類<br>技術支援類<br>遊戲美術類等 | 企管類<br>財務類<br>人力資源類<br>行政類<br>法務類<br>公共關係類等 | 領導者<br>高級管理者<br>管理者<br>監督者等 | 戰略類<br>產品類<br>銷售類<br>客服類<br>銷售支援類<br>內容類別等 | 遊戲策劃類<br>產品類<br>項目類等 |

各類別劃分中的各個職業發展管道，均由低到高劃分為6個等級：初級者、有經驗者、骨幹、專家、資深專家和權威人士。

| 級別 | 名稱 | 定義 |
|---|---|---|
| 6級 | 權威（Authority） | 身為公司內外公認的權威，推動公司決策 |
| 5級 | 資深專家（Master） | 身為公司內外公認的某方面的專家，參與戰略制訂並對大型專案或領域負責 |
| 4級 | 專家（Expert） | 身為公司某一領域的專家，能夠解決較複雜的問題或領導中型專案或領域，能夠推動和實施專業領域內的重大變革 |
| 3級 | 骨幹（Specialist） | 能夠獨立承擔部門內某一方面工作或項目的策劃和推動執行，能夠發現本專業業務流程中存在的重大問題，並提出合理有效的解決方案 |
| 2級 | 有經驗者<br>（Intermediate） | 身為有經驗的專業成員，能夠應用專業知識獨立解決常見問題 |
| 1級 | 初級者（Entry） | 能做好被安排的一般性工作 |

 溫暖管理課

───────┤ 某大型互聯網公司的職業發展體系 ├───────

為了保證管理人員在從事管理工作的同時，能夠不斷提升自身專業水準，要求除了總經理和執行副總裁之外，其他管理人員必須同時選擇技術、專業、市場中的某個職位類別，作為自己在專業方面的發展管道，實現雙管道發展。
員工職業發展與專業技術任職資格等級的評定流程分成3階段：盤點申報、等級評定和結果輸出。

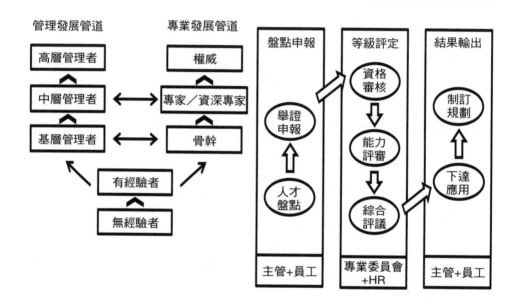

**溫暖提醒**

　　很多中小企業在員工晉升方面沒有明確標準，但是成長之心人人皆有，「有奔頭、有希望」是許多人行為動力的來源，員工都希望能夠藉由努力獲得公平、公正的晉升或職業發展。為了激發員工的動力，每個團隊都必須有明確的晉升規則。

# 5-3

# 願意栽培接班人，
# 主管才能晉升更高職位

---

　　團隊的持續發展離不開人才培養。能為自己的職位培養接班人的管理者，有更高的視野、更廣闊的胸襟、更強大的人才發掘和培養能力。這樣的管理者容易順暢地晉升到更高職位。

## ▶▶▶ 1. 高潛力人才有3大特質，鎖定後有系統培養

🔒 問題場景

最近公司要求每個部門的負責人培養自己的接班人，我不知道怎麼做。

具體來說是指哪方面呢？

例如接班人的人選方面，我不知道該怎麼挑選。

選擇接班人通常要挑選高潛力人才。

什麼是高潛力人才？

就是有很強的潛質，但暫時可能還不具備高素質、高能力或高績效。當然，如果已經具備則更好。

也就是說，我要把焦點放在潛質和未來上，而不是只看當下對嗎？

是的。不過，高潛力人才能否發揮他的潛力，和上司對他的培養也有很大的關係。

問題拆解

　　未來的高潛力不等於當前的高能力或高績效。若人才當前已具備很強的能力和很好的績效，就應該提供更好的環境和更多的機會。正因為很多人才當前能力不足，但具備很好的潛質，才值得重點培養。

## 🔑 實用工具

### 工具介紹

**發掘高潛力人才**

　　高潛力人才是人才中的潛力股。發掘高潛力人才不容易，不過他們具備一些共同特質，管理者藉由發現這些特質，就能找出他們。

　　不同的學者、諮詢機構，對高潛力人才具備的特質有不同的定義。綜合來看，有3個特質是被普遍認同的，分別是後設認知（又稱元認知）能力、邏輯思維能力和高情商。

### ┤ 高潛力人才的 3 個普遍特質 ├

後設認知是美國心理學家約翰・弗拉維爾（John H. Flavell）在1976年率先提出。後設認知是關於認知的認知，是個體對自我認知加工過程的自我覺察、自我反省、自我評價與自我調節。簡單地說，就是對於自我認知過程的思考。

後設認知能力強的人，學習意願和能力通常很強，他們可以在自我思考和反省後，快速產生優化過的學習策略，並快速建構自己對這個世界的認知，而且這種認知會不斷更新。

**1. 後設認知**

美國心理學家丹尼爾・高曼（Daniel Goleman）發現，情商對於業績的貢獻至少是智商、專業技能等其他因素的2倍。在公司中職位越高，情商的作用越重要。在身居高位的領導者中，優秀者和平庸者業績差異的90%源於情商因素。情商高的人，能幫助領導管理團隊、調動資源。

**3. 高情商**

邏輯思維是人們在認識事物的過程中，借助概念、判斷和推理等思維形式，反映客觀現實的理性認識過程。但是，邏輯思維能力的核心不是「知道」，而是「做到」，它也可以分解成「理解能力＋分析能力＋執行能力」。人們運用邏輯思維，能夠看到事物的本質，真正認識客觀世界。如果人們不具備基本的邏輯思維能力，就會出現主次不分、條理不清、前後矛盾及概念混亂等問題。

**2. 邏輯思維**

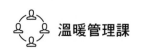 

 應用解析

─────┤ 某公司不同類型人才的培養課表 ├─────

| 大類 | 小類 | 課程名稱 |
|------|------|---------|
| 管理技能 | 高級管理者 | 戰略管理、組織機構設計、企業文化、品牌管理、風險控制、領導藝術、如何決策、危機管理、公關管理、壓力管理 |
| | 中層管理者 | 知識管理、員工激勵、員工授權、衝突管理、人才選用育留、專案管理、非財務人員的財務管理、非人力資源人員的人力資源管理、高效能人事的習慣 |
| | 基層管理者 | 目標管理、計畫管理、團隊建設、溝通技能、時間管理、解決問題、執行技能、會議管理、情緒管理、員工關係管理 |
| 職位技能 | 行銷技巧 | 電話銷售技巧、客戶服務技巧、管道銷售技巧、經銷商管理、專業銷售技巧、大客戶銷售、顧問式銷售、客戶關係管理、銷售呈現技巧、雙贏商務談判 |
| | 生產運營 | 生產計畫、現場管理、安全管理、品質控制、成本控制、設備管理、工藝管理、流程管理、訂單管理 |
| | 人力資源 | 職位管理、招聘管理、培訓管理、素質模型、薪酬管理、績效管理、勞動關係、人才測評、職業生涯、培訓師管理、戰略HR管理 |
| | 財務管理 | 統計核算、報表編制、現金管理、單證管理、成本管理、資產管理、稅務籌劃、預算管理、財務預測、管理會計 |
| | 技術研發 | 創新意識、產品知識、研發專案管理、研發專案管理沙盤、產品需求分析、產品中試管理、研發成本控制、研發品質管制 |
| | 採購管理 | 誠信意識、報價方法、談判技巧、採購預算管理、供應商管理、合約管理、市場調研 |
| | 品質管制 | 品質控制流程、品質檢驗方法、全面品質管制、品質控制的數理基礎、統計品質控制的常用工具和方法、產品生命週期品質分析和控制技術、品質可靠性分析 |
| | 倉庫管理 | 倉儲管理流程、倉庫系統使用、供應鏈計畫、庫存管理、倉庫資料分析 |
| | 物流管理 | 物流品質管制、報檢流程、報關流程、物流系統、商品包裝管理、物流運籌管理、物流成本管理 |
| | 客戶服務 | 客戶關係管理、客戶服務原則、溝通技巧、電話禮儀、接待禮儀、如何有效提問、服務用語、肢體語言 |

| 大類 | 小類 | 課程名稱 |
|---|---|---|
| 通用技能 | 個人成長 | 自我認知、人生規劃、時間管理、壓力管理、情緒管理、團隊意識、溝通技巧、人脈經營、人際關係、個人知識管理、個人品牌管理、身體品質管理、心態塑造、如何處理問題、文書寫作、辦公軟體使用 |
| | 新員工培訓 | 企業文化、發展歷程、規章制度、獎懲條例、消防安全 |

**溫暖提醒**

　　不論人才的潛力有多大，想要發揮其價值、創造高績效，人才必須有突出的能力。這需要對高潛質人才進行系統化培養。培養的方式可以採取師徒制、內部集中授課或外部學習。

▶▶▶ 2. 怎麼用職業價值觀量表，找出最匹配的職位？

🔒 問題場景

我想培養有潛力的部屬，不過有好多發展方向，不知道該往哪個方向培養？

你有問過本人的意見嗎？

你可以試著了解他的職業價值觀，也就是在選擇職業發展方向時，什麼對他來說是重要的？什麼相對不那麼重要？

有，他自己也很難抉擇，拿不定主意。

沒錯，幫助部屬發現職業價值觀當中，重要程度靠前的要素，能幫他做出最佳選擇。

職業價值觀聽起來像是某種重要程度的排序？

問題拆解

　　在選擇職業發展方向時，性格、興趣固然重要，但價值觀更加重要。價值觀是人們內心最深層、對事物重要程度的排序，有人覺得職業發展中的經濟報酬很重要，成就感反而不重要，而有人則剛好相反。這樣的差異源於他們價值觀的差異。

## 🔑 實用工具

### 工具介紹

**職業價值觀量表**

價值觀是指個人對客觀事物（包括人、物、事），以及對自己行為結果的意義、效果和重要性的總體評價。它指導個體對行為進行選擇與評估，是人們心中的尺，決定對人生中不同人、事、物的重要性排序。職業價值觀是人們希望透過工作來實現的人生價值，是選擇職業的重要因素，是指不同人生發展階段所表現的階段性人生價值追求。職業價值觀量表將職業價值觀分成15項，分別是：利他助人、美的追求、創造性、智力激發、成就感、獨立性、聲望地位、管理權力、經濟報酬、安全感、工作環境、上司關係、同事關係、生活方式和變動性。

─────┤ 職業價值觀量表 ├─────

| 價值觀 | 重要程度 | 選擇1 | 選擇2 | 選擇3 |
|---|---|---|---|---|
| ① | | | | |
| ② | | | | |
| ③ | | | | |
| ④ | | | | |
| ⑤ | | | | |
| ⑥ | | | | |
| ⑦ | | | | |
| ⑧ | | | | |
| 總分 | | | | |

| 第1步 | 第2步 | 第3步 | 第4步 | 第5步 | 第6步 |
|---|---|---|---|---|---|
| 列出8項自己覺得重要的價值觀，並填入表格 | 給價值觀的重要程度評分，範圍是1～10分 | 列出自己的職業選項，並填入表格 | 為不同職業的滿意度評分，範圍是1～5分 | 計算各選項的加權總分，並比較其大小 | 討論並適當調整分數，得出結論 |

 應用解析

─────┤ 職業價值觀量表的應用案例 ├─────

小李在一家上市公司工作許多年，兢兢業業、認真踏實，工作得到主管和同事的一致認同，目前已經在分公司部門負責人的職位上做了5年。公司高層有意提拔他，目前有兩個職位空缺，一個是小李所在的分公司副總，另一個是集團公司某部門負責人。高層找小李談話，想徵求他的意見。小李回到部門後，用職業價值觀量表幫助自己做出決策。

| 價值觀 | 重要程度 | 分公司副總 | 集團公司部門負責人 |
|--------|----------|-----------|-------------------|
| 成就 | 8 | 5 | 4 |
| 智慧 | 9 | 5 | 4 |
| 上司 | 6 | 5 | 3 |
| 審美 | 7 | 4 | 4 |
| 金錢 | 8 | 5 | 4 |
| 創造力 | 7 | 4 | 4 |
| 自主 | 6 | 4 | 5 |
| 生活方式 | 5 | 4 | 4 |
| 總分 | | 255 | 224 |

根據計算結果得知，小李對分公司副總職位的價值觀滿意度是255分，對集團公司部門負責人職位的價值觀滿意度是224分。小李對分公司副總職位的綜合價值認同度，高於集團公司部門負責人職位。小李在反覆檢查各項分數與自身價值觀的匹配度後，最終選擇分公司副總職位。

## 溫暖提醒

管理者可以幫助員工確定自己的職業錨（Career anchors）。職業錨是由美國麻省理工大學教授埃德加・亨利・席恩（Edgar Henry Schein）教授提出。它是個人透過實際工作經驗，形成與自己的能力、動機和價值觀相匹配的職業定位。職業錨也可以理解為當人們不得不做出選擇時，無論如何都不會放棄的重要職業信念或價值觀，也就是選擇自己的職業發展方向時考慮的核心。

## ▶▶▶ 3. 製作成長卡工具，評估人才養成計畫的效果

🔒 **問題場景**

在確定接班人選之後，如何快速培養他呢？

管理者需要找出差距，並幫助接班人彌補。

可將接班人的素質、知識、能力、經驗與職位要求標準進行對比，找出差距。接著製作成長卡工具，把接班人的差距列出來，然後在後面增加彌補的方法和所需時間。

要從哪些方面尋找？找到之後呢？

透過這個工具，是不是可以定期看到接班人的成長？

是的。成長週期較短的差距，評估週期可以短一些；成長週期較長的差距，評估週期可以相對較長。

**問題拆解**

　　培養接班人的有效方法是查漏補缺。管理者可以先找出接班人當前能力和職位要求能力之間的差距，再和接班人一起彌補它。這要求管理者了解職位的具體要求，以及接班人當前能力的基本情況。

## 實用工具

### 工具介紹

**成長卡工具**

　　成長卡工具不僅可用來查找目標職位要求能力與人才當前能力之間的差距，還可用來形成能力提升計畫。使用成長卡工具，管理者能清晰看到人才當前在哪方面缺乏職位所需能力，也能看到人才的成長。這個工具可作為人才培養計畫的依據，也可作為評估培養結果的依據，因此在這個工具當中，應該包含培養方法、完成時間和負責人。

──────┤ 成長卡樣本 ├──────

類別可按照素質、知識、能力和經驗4個層面分類，也可按照單項能力細分。

學習計畫和培養方法是補充能力的具體做法。有計劃、有行動，才會落實。

完成時間主要是用來評估、檢查能力培養。管理者可在完成時間結束前，評估部屬的培養結果。

負責人是指幫助部屬提升這方面能力的人，可以是管理者本人，也可以是某個具備這方面能力的人。

| 類別 | 職位要求 | 接班人現狀 | 存在差距 | 彌補差距的學習計畫／培養方法 | 完成時間 | 負責人 |
|------|----------|------------|----------|------------------------------|----------|--------|
|      |          |            |          |                              |          |        |
|      |          |            |          |                              |          |        |

💡 應用解析

┤ 成長卡應用舉例 ├

某公司客服經理職位在勝任力方面的要求，與當前接班人現狀之間的差距如下表所示。

| 類別 | 職位要求 | 接班人現狀 | 存在差距 | 彌補差距的學習計畫/培養方法 | 完成時間 | 負責人 |
|---|---|---|---|---|---|---|
| 素質 | 具備創業心態；可接受變化；能快速適應調整。 | 具備創業心態；不喜歡變化；對工作的適應性較差。 | 擁抱變化和快速適應調整方面。 | | | |
| 知識 | 售前、售中、售後各環節的服務品質評估標準；客服團隊工作流程和規範話術；各種投訴及突發事件處理方法；售前售後疑難問題解決方法。 | 售前、售中、售後各環節的服務品質評估標準；客服團隊工作流程和規範話術；各種投訴及突發事件處理方法。 | 售前售後疑難問題解決方法方面。 | | | |
| 能力 | 擅長操作WORD/EXCEL/PPT/VISIO等軟體；有較強的文件編輯及資料處理、分析及總結能力；具備較強的口頭和書面溝通能力；邏輯思維能力強，善於分析問題；能獨立帶領客服團隊，團隊管理能力較強，統籌和計畫能力。 | 擅長操作WORD/EXCEL/PPT/VISIO等軟體；有較強的文件編輯及資料處理、分析及總結能力；具備較強的口頭和書面溝通能力。 | 邏輯思維能力強，善於分析問題；能獨立帶領客服團隊，團隊管理能力較強，統籌和計畫能力。 | | | |

| 類別 | 職位要求 | 接班人現狀 | 存在差距 | 彌補差距的學習計畫/培養方法 | 完成時間 | 負責人 |
|------|---------|-----------|---------|--------------------------|---------|-------|
| 經驗 | 3年以上團隊管理經驗；2年以上售後服務管理經驗 | 無團隊管理經驗無售後服務管理經驗 | 3年以上團隊管理經驗；2年以上售後服務管理經驗 | | | |

**溫暖提醒**

　　成長卡工具的適用對象不僅限於接班人，如果管理者的時間和精力允許， 還能把成長卡用在每個部屬身上，也可以視需求變換這項工具，變成一個能對部屬成長提出要求或目標的工具。

國家圖書館出版品預行編目 (CIP) 資料

溫暖管理課：小團隊的啟示錄，用166張「實戰圖解」，輕鬆帶出 1+1>2 的團隊！/ 任康磊著
--初版.–新北市：大樂文化有限公司，2021.10
224面；17×23公分 . --（Biz；82）

ISBN：978-986-5564-50-6（平裝）
1. 企業管理　2. 組織管理　3. 領導
494.2　　　　　　　　　　　　　　　　　　　　　　　110015074

Biz 082

**溫暖管理課**
**小團隊的啟示錄，用166張「實戰圖解」，輕鬆帶出 1+1>2 的團隊！**

作　　者／任康磊
封面設計／蕭壽佳
內頁排版／思　思
責任編輯／張巧臻
主　　編／皮海屏
發行專員／呂妍蓁、鄭羽希
會計經理／陳碧蘭
發行經理／高世權、呂和儒
總編輯、總經理／蔡連壽
出 版 者／大樂文化有限公司（優渥誌）
　　　　　地址：220 新北市板橋區文化路一段 268 號 18 樓之 1
　　　　　電話：（02）2258-3656
　　　　　傳真：（02）2258-3660
　　　　　詢問購書相關資訊請洽：2258-3656
　　　　　郵政劃撥帳號／50211045　戶名／大樂文化有限公司

香港發行／豐達出版發行有限公司
地址：香港柴灣永泰道 70 號柴灣工業城 2 期 1805 室
電話：852-2172 6513　傳真：852-2172 4355

法律顧問／第一國際法律事務所余淑杏律師
印　　刷／韋懋實業有限公司

出版日期／2021 年 10 月 18 日
定　　價／350 元（缺頁或損毀的書，請寄回更換）
I S B N　978-986-5564-50-6